朝日小学生新聞

やわらか頭になる！

算数脳トレーニングBOOK（ブック）

堀田正章 著

朝日学生新聞社

はじめに

算数って楽しい科目なんだということを知ってもらいたくて、この本を作りました。

これまで、たくさんの小学生の勉強をみてきた経験から、算数は好き嫌いがはっきり分かれる科目と感じています。

嫌いになってしまう子には、ある共通点があります。

それは、算数を「おぼえた公式に数字をあてはめればこたえが出る『暗記科目』だと思っている」ということ。

この本のもんだいに取り組むときには、おぼえた公式を使うことに一生懸命になるのではなく、その場で考える習慣をつけることを意識してほしいと思います。

「なぜだろう？」と疑問を持つところからスタートして、あれこれ考えて、「あっ」とひらめいた瞬間、算数がおもしろいと感じられると思います。

この経験が多い人は、高校生になったとき、「数学が大好き」になります。一方、少ない人は、100％「大嫌い」になっています。

小学生のときからの積み重ねが、将来、「算数脳」になるかどうかを左右してしまうのですね。

この本をやり終えるころ、きっと、みなさんの中には「算数脳」の土台ができていることでしょう。

肩の力をぬいて、いっしょに算数を楽しみましょう。

堀田正章

この本の使い方

おもしろそうなところから解こう

まんがを読んで、「おもしろそうだな」と思ったところから始めよう。**初めから順にやる必要はありません**。もんだいのむずかしさを示した★印はさんこう程度に考えてね。「どのもんだいはやっていて、どのもんだいはこれからか」がわかるように、各もんだい番号のそばにある

べんきょうした日　　　月　　　日

のところに、日付を書いておこう。

ノートを用意しよう

書きこむスペースがせまいもんだいもあるので、できるだけノートを使おう。**広いスペースに自分が考えた道すじを書いていこう**。

自分のペースで解こう

時間をはからないで、自分のペースでじっくり取り組んでね。もし、わからないところが出てきたら、とちゅうで止めて別の日にやってもいいよ。**時間にとらわれずに、もんだいと向き合ってね**。また、この本1冊を終えるまでの期間も、もうける必要はありません。

まんがに登場するなかまたち

6人はみんな同じクラスでなかよしです。算数が得意な子も、得意でない子も、算数のもんだいを解くのは大好き！　いつも、おたがいにもんだいを出し合って、遊んでいます。

男の子っぽい女の子で、クイズが好き。意外と手先が器用

体は大きいけれどやさしいよ。食いしん坊でお母さんの買い物についていくのが好き

やさしい子。のんびり屋さんだけれど、実は足が速い

ひょうきん者。好物はオレンジジュース

好奇心旺盛でおしゃれ。ちょっと心配性

秀才くん。いつも、お父さんに勉強を教わっている

ちなみに、それぞれの名前は、昔の数の数え方
「ひい」＝1、「ふう」＝2、「みい」＝3、「よう」＝4、「いつ」＝5、「むう」＝6が由来。6人のヘアスタイルも、名前と関係があるよ。気づいたかな？

もくじ

数と計算

図形

思考・論理

1

べんきょうした日　　月　　日

数と計算

レベル ★★☆

ジュースの空きびん

空きびんをお店に持っていくと…。昔懐かしい題材ですが、中学入試にはよく出題されます。最後のお母さんの台詞がヒントです。

ふうくん
今日は
空きびんを
すてる日よ
てつだって
お母さん
ジュースの空きびん
すてちゃだめだよ！
え!?
どうして？
空きびん
4本で、新しい
ジュース1本が
もらえるんだ
あら
それは
いいわね
いま
空きびんが
10本
あるわ
この10本で
新しい
ジュースは
何本もらえ
るのかな？
交かんして
もらった
ジュースの
空きびんも
使える
のよね
ゴクゴク
え〜と

もんだい

ふうくんの家の近くのお店では、ジュースの空きびんを４本持っていくと、新しいジュース１本とこうかんしてもらえます。ジュース１本のねだんは100円です。

(1)　ジュースを５本買うと、のむことができるのは何本ですか。

こたえ

(2)　1000円でジュースを買えるだけ買うと、のむことができるのは何本ですか。

こたえ

(3)　ジュースを30本のむためには、お金は何円必要ですか。

こたえ

こたえとかいせつ

(1)　5本のうちの4本の空きびんで新しいジュースが1本もらえるので、

5＋1＝6(本)

こたえ　**6本**

(2)　ジュースは、1000÷100＝10(本) 買うことができます。

空きびんが4本できるごとに、すぐに新しいジュース1本をもらうものとします。

新しいジュースを1本もらったあとは、その空きびんも使えるので、あと3本買ってのめば空きびんが4本できます。

買ったジュース…○　もらったジュース…●

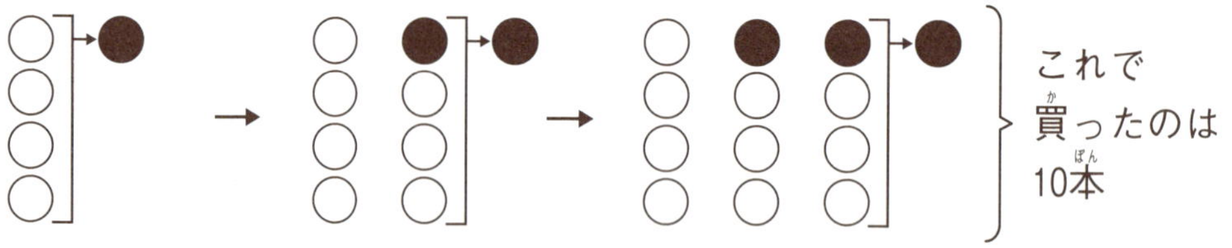

これで
買ったのは
10本

4本買って
1本もらう

3本買って
1本もらう

3本買って
1本もらう

このとき、新しいジュースは全部で3本もらえます。のむことができるのは、

10＋3＝13(本)

こたえ　**13本**

(3)　4本ずつのくり返しと考えます。

30÷4＝7あまり2なので、4本ずつのくり返しを7回と、あと2本で30本になります。

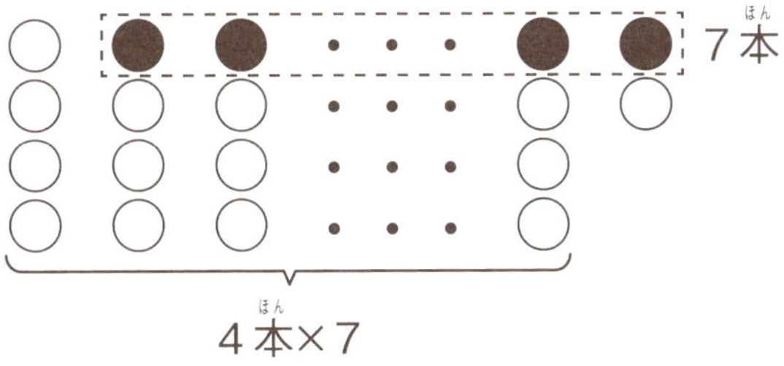

30本のうち、もらえるのは7本なので、買うのは30－7＝23（本）です。

必要なお金は、

100×23＝2300（円）

こたえ　2300円

保護者の方へ

（2）は、10本のうち8本で2本もらえて、残りの2本ともらった2本でまた1本もらえる……と考えてもよいでしょう。そのまま（3）を考えると、仮に20本買ったとすると……と、予想を立てながら試行錯誤することになりますが、その結果、こたえにたどり着くことができればすばらしいことです。

べんきょうした日　　月　　日

数と計算

レベル ★☆☆

2

クラスの人数は?

自分の前後左右の人数を数えて一列の人数を考えます。自分自身を数えるときと数えないときとで、順番や人数がちがってきます。

3－1
今日から新学期!!
なんだか
わくわくするわ
みなさーん
おはようございます
黒板の
座席表を見て
自分の席に
すわってください
私の席は前から
1、2、3、
4番目で……
私の左には
2人……
ここだわ!!
全員すわりましたね
さて新しいクラスの
友だちは全部で何人
いるでしょう?
いきなり
もんだいだわ…

もんだい

新学期の教室で、ひなちゃんが自分の席にすわりました。ひなちゃんの席は前から4番目、後ろから3番目です。また、ひなちゃんの左には2人、右には3人がすわっています。ひなちゃんのクラスの人数は何人ですか。

こたえ

どの列も
すわっている
人数は同じだよ

こたえとかいせつ

ひなちゃんがすわっている場所から、たて、横にならんでいる人数を考えます。

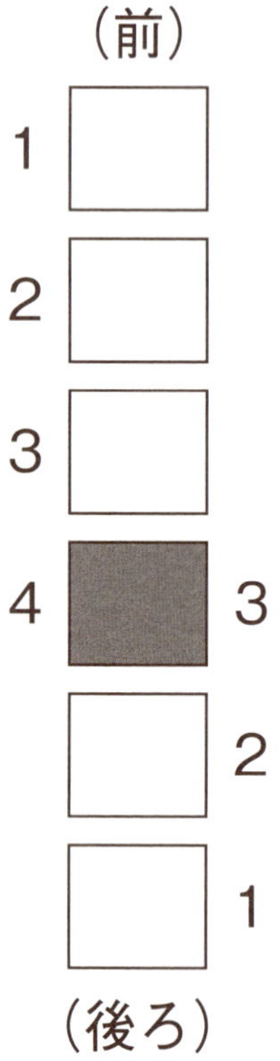
(前)
1
2
3
4
3
2
1
(後ろ)

「ひなちゃんの席は前から4番目、後ろから3番目……」

「前から4番目」と「後ろから3番目」は同じ席であることに注意しましょう。

左の図を見ると、たてにならんでいる人数がわかります。

ひなちゃんより後ろには、
3－1＝2(人) ならんでいるので、
たてには、4＋2＝6(人) ならんでいます。

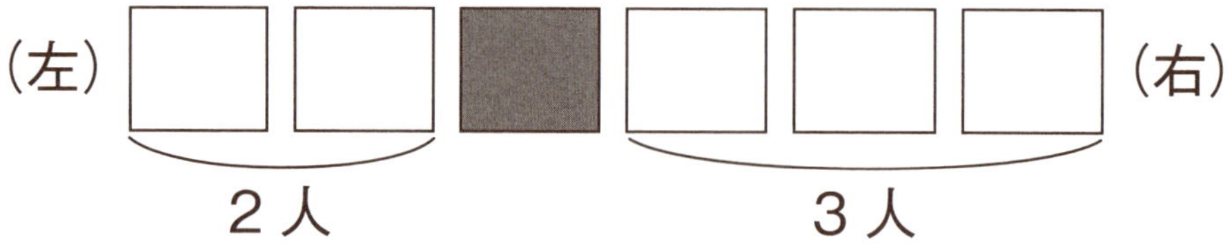
(左)
(右)
2人
3人

「ひなちゃんの左には2人、右には3人……」
上の図から、横にならんでいる人数がわかります。
横には、 2＋1＋3＝6(人) ならんでいます。

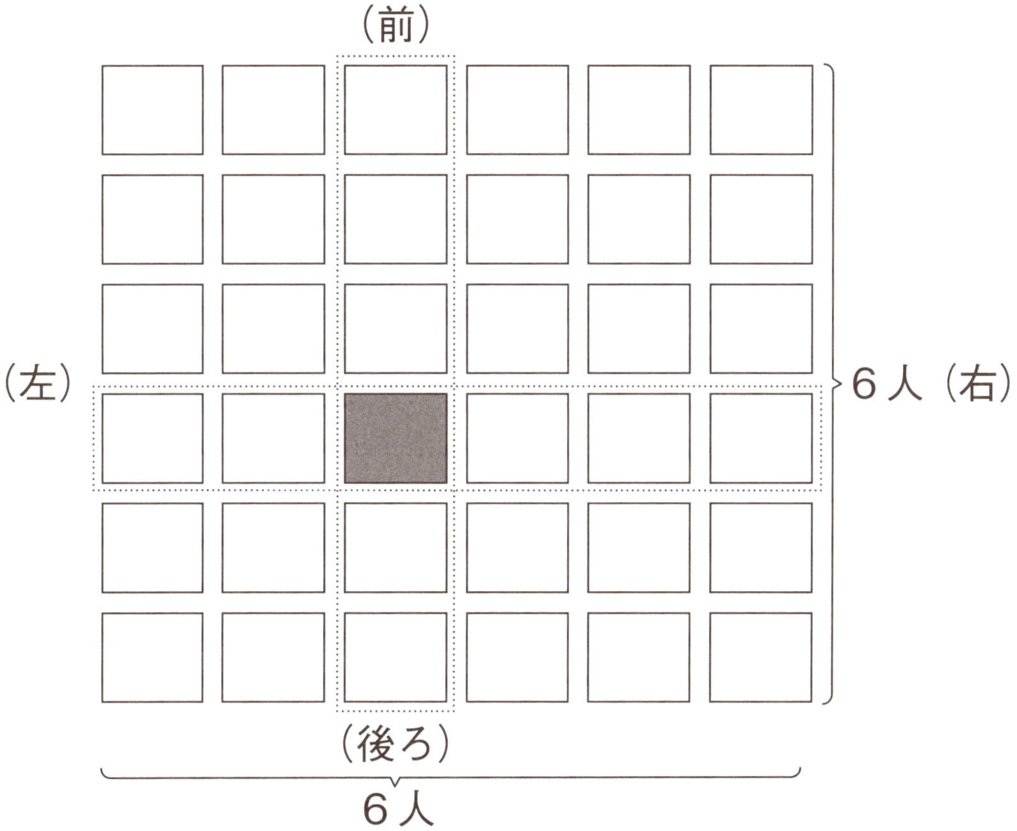

たてにも横(よこ)にも6人ならんでいるので、クラスの人数(にんずう)は、
6×6＝36（人）

こたえ　**36人**

べんきょうした日　　月　　日

数と計算　レベル ★★☆

3 覆面算にチャレンジ

数字を文字や記号におきかえた計算を覆面算といいます。覆面にかくされた本当の顔（数）を求めましょう。

今日はむっくんの家で、友だち４人でお楽しみ会
何してあそぼうか？
みんなでクイズを出し合うっていうのは？
いいよ！まずは私から出すね
○にあてはまる数字はいくつ？
○×○=○
○にはすべて同じ数字が入るよ
１から入れてみると…
1×1=1
あ！１が入るね
ほかには…０もオーケーだね！
0×0=0
正解！　さすがいっくんだね
パチ
パチ
じゃあ、今度はぼくからだよ
サラ
サラ…
これはちょっとむずかしいよ

もんだい

次の①～④の式で、○、△、☆、▽、□、◇は、それぞれ1から6のうち、いずれかの数を表しています。それぞれの印は、どの数を表していますか。

① ○ × ○ ＝ △

② ☆ ÷ ○ ＝ ▽

③ △ － □ ＝ ▽

④ □ ＋ ◇ ＝ ☆

同じ印は
同じ数を
表しているよ

こたえ

○＝	△＝	☆＝
▽＝	□＝	◇＝

こたえとかいせつ

まず、①の式（○×○＝△）を考えます。

1×1＝1、2×2＝4、3×3＝9、……、

条件に合うのは、2×2＝4だけです。

したがって、○＝2、△＝4

次に、②の式（☆÷○＝▽）を考えます。

○＝2なので、

☆÷2＝▽

☆は2でわれる数なので2、4、6のいずれかです。

したがって、☆＝6、▽＝6÷2＝3

また、③の式（△－□＝▽）で、

△＝4、▽＝3なので、

4－□＝3　→　□＝4－3＝1

式を何通りも
書いてみると
いいよ

さらに、④の式（□＋◇＝☆）で、

□＝1、☆＝6なので、

1＋◇＝6　→　◇＝6－1＝5

こたえ	○＝2	△＝4	☆＝6
	▽＝3	□＝1	◇＝5

保護者の方へ

　式を見ながら頭の中で適当に数をあてはめて、さっさとこたえを見つけてしまうような数の感覚が鋭い子どももいますが、かいせつのように理路整然としぼりこんでいける子どもはほとんどいません。どの式でもよいので、まずは具体的に数をあてはめてみて、それを足がかりにこたえを探していけるように誘導してあげてください。こたえが出たあとで、記号だけの式で数が決まるパズル的なおもしろさを感じてくれればよいと思います。

べんきょうした日　　　月　　　日

数と計算

レベル ★☆☆

4 きまりをみつけよう

規則的につなげたビーズの個数を考えます。ビーズのならび方のきまりを見つけましょう。

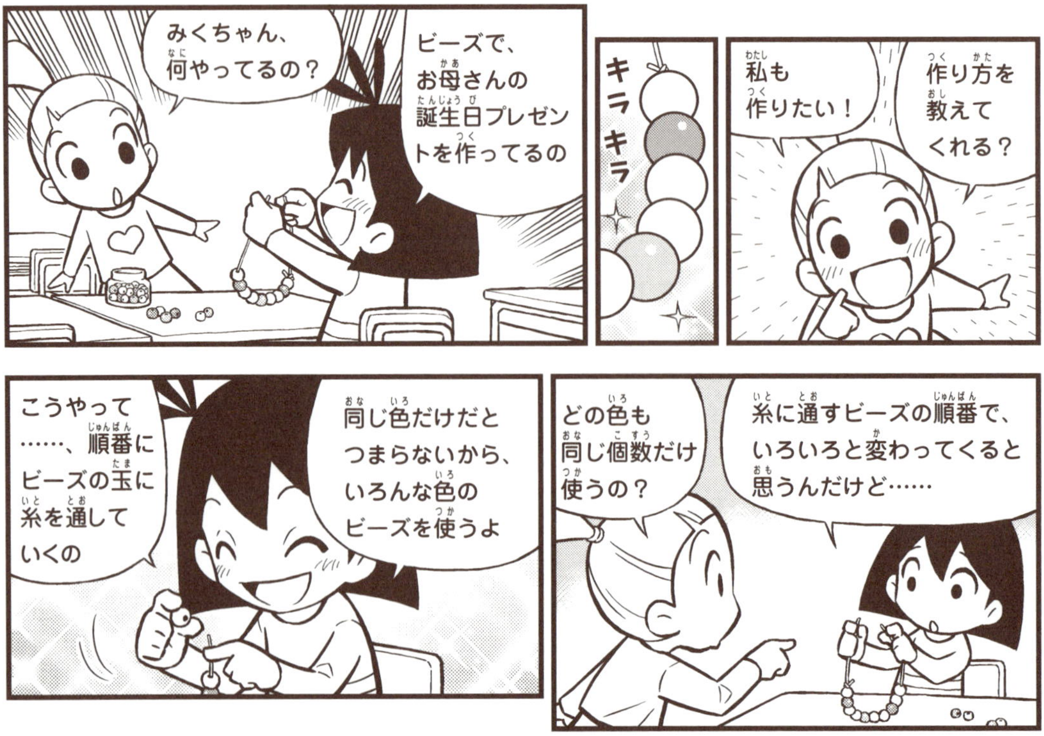

みくちゃん、何やってるの？
ビーズで、お母さんの誕生日プレゼントを作ってるの
キラキラ
私も作りたい！
作り方を教えてくれる？
こうやって……、順番にビーズの玉に糸を通していくの
同じ色だけだとつまらないから、いろんな色のビーズを使うよ
どの色も同じ個数だけ使うの？
糸に通すビーズの順番で、いろいろと変わってくると思うんだけど……

もんだい

みくちゃんがお母さんの誕生日プレゼントを作るために、ビーズを糸でつないでいます。

(1)　りょうはしに赤のビーズを、また、赤と赤の間に緑のビーズを入れます。赤のビーズを全部で10個使うとき、緑のビーズは全部で何個使いますか。

くり返しを
見つけられ
るといいね

…赤
…緑

こたえ

(2)　りょうはしに赤のビーズを、また、赤と赤の間に緑のビーズを入れ、さらに赤と緑、緑と赤のビーズの間に黄色のビーズをそれぞれ2個ずつ入れようと思います。赤のビーズを全部で10個使うとき、黄色のビーズは全部で何個使いますか。

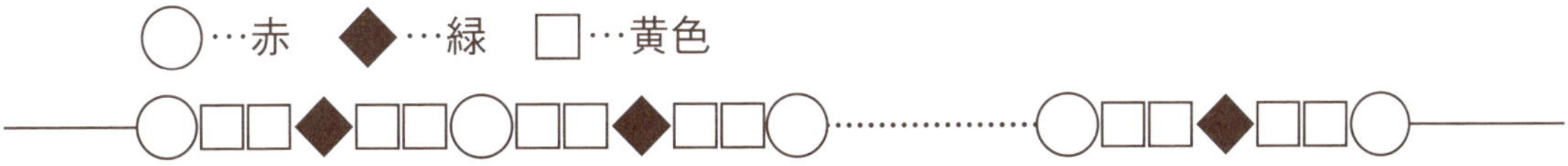

…赤
…緑
…黄色

こたえ

こたえとかいせつ

（1）　赤と緑が同じ個数だと、一方のはしが緑になってしまいます。

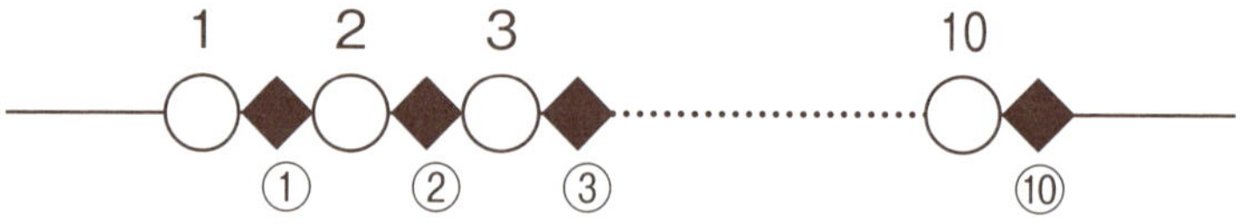

「りょうはしに赤のビーズを」とあるので、緑のビーズは赤のビーズよりも1個少なくなります。使った緑のビーズは全部で、

10－1＝9（個）

こたえ　9個

（2）　下の図のように、緑のビーズ1個につき、黄色のビーズを4個ずつ使います。

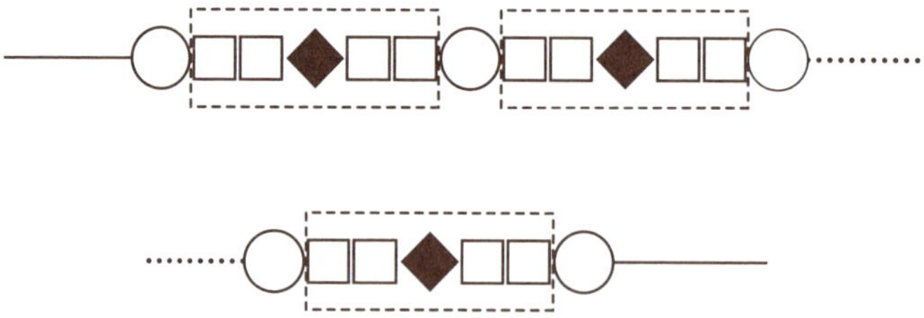

（1）より、緑のビーズは9個使うことがわかっています。

したがって、使った黄色のビーズは全部で、

4×9＝36（個）

こたえ　36個

保護者の方へ

いわゆる「植木算」の考え方を使うもんだいです。赤より、間にある緑が1個少ないことは、たとえば「パー」の形の手で、指を赤、指と指の間を緑と考えることで確認できます。(2) は、赤と緑が合わせて19個なので、その間は1つ少ない18か所、2×18＝36(個) と求めることもできます。

5

べんきょうした日　　月　　日

数と計算

レベル ★★★

3人が集めた小石の数は?

集めた小石を3人でやりとりします。頭の中だけで考えずに、やりとりのようすを図や表に整理してみましょう。

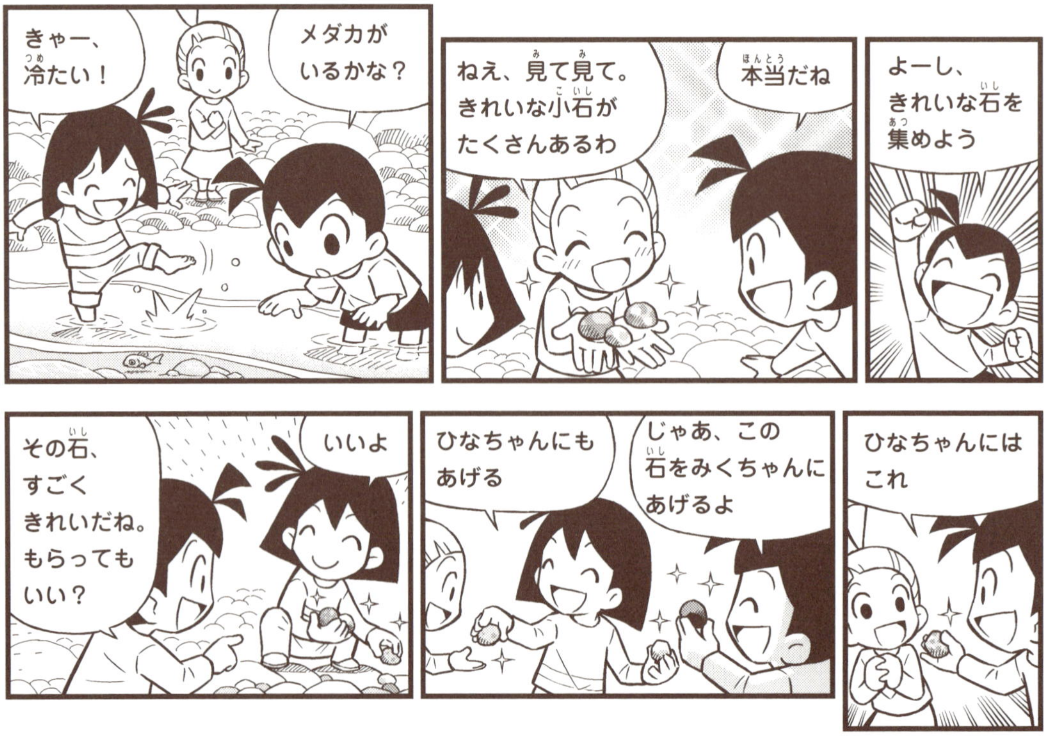

もんだい

ひなちゃん、ふうくん、みくちゃんの3人が河原で小石集めをしました。それぞれ何個かの小石を集めたあと、3人の間で小石をやりとりしました。そのようすについて、3人は次のようにいっています。

みくちゃん　「ふうくんとひなちゃんに4個ずつあげたわ」

ふうくん　「ひなちゃんに2個、みくちゃんに3個あげたよ。最後は3人とも同じ個数になったね」

ひなちゃん　「私は、はじめに集めた数が少なかったから、みくちゃんだけに1個あげたわ。もらった小石が多くて、はじめの個数の2倍になったよ」

はじめに3人が集めた小石の数は、それぞれ何個だったでしょうか。

こたえ

ひなちゃん…

ふうくん　…

みくちゃん…

こたえとかいせつ

3人のやりとりを図と表に整理します。

図1

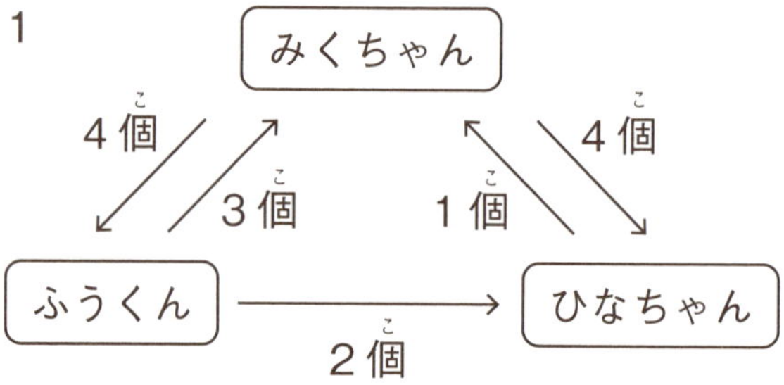

みくちゃん
4個
3個
1個
4個
ふうくん
ひなちゃん
2個

	あげた	もらった
みくちゃん	4＋4＝8（個）	1＋3＝4（個）
ふうくん	2＋3＝5（個）	4個
ひなちゃん	1個	2＋4＝6（個）

ひなちゃんははじめより、
6－1＝5(個) ふえています。

ここで、「はじめの個数の2倍になった」ということは、はじめの個数と同じだけふえたということです。

図2

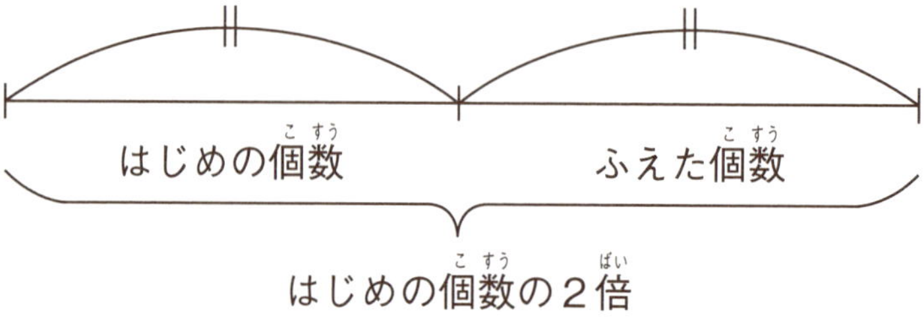

はじめの個数
ふえた個数
はじめの個数の2倍

したがって、ひなちゃんのはじめの個数は5個、やりとりしたあとの個数は2倍の10個です。みくちゃんとふうくんもやりとりしたあとの個数は10個です。

みくちゃんははじめより、
8－4＝4（個）へっているので、はじめの個数は、10＋4＝14（個）

ふうくんははじめより、
5－4＝1（個）へっているので、はじめの個数は、10＋1＝11（個）

こたえ　**ひなちゃん…5個**　**ふうくん…11個**
みくちゃん…14個

保護者の方へ

とちゅうの誘導がないこともあり、かなりの難問です。まずは、やりとりのようすを「かいせつ」のような図に整理し、それを見ながら考えたいところです。「こたえ」への有力なヒントは、ひなちゃんの「はじめの個数の2倍になった」という部分だけなので、はじめはひなちゃんの個数に的をしぼって考えるように誘導してあげてもよいでしょう。

6

べんきょうした日　　月　　日

数と計算

レベル ★☆☆

ちょうど200円の買い物

いろいろなねだんのおかしをうまく組み合わせて、ちょうど200円になるようにします。こたえは1通りだけではありません。

もんだい

下のような、いろいろなねだんのおかしがあります。

30円

45円

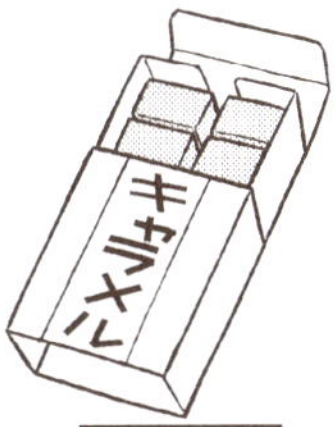

60円

50円

90円

15円

(1)　全部のおかしを1個ずつ買うと、代金はいくらになりますか。

こたえ

(2)　何種類かのおかしを1個ずつ組み合わせて、ちょうど200円にしようと思います。このようなおかしの組み合わせ方は、全部で何通りありますか。

こたえ

こたえとかいせつ

（1）　30＋45＋60＋50＋90＋15＝290（円）

こたえ　290円

（2）　全部買ったときの代金290円から、90円をへらせばちょうど200円になります。

200円の組み合わせを考えるより、へらす90円の組み合わせを考えるほうがかんたんです。

㋐　90円　…　クッキー

㋑　90円＝30円＋60円　…　チョコ、キャラメル

㋒　90円＝30円＋45円＋15円　…　チョコ、ラムネ、アメ

㋐～㋒のそれぞれの場合の、90円ぶんをのぞいた残りのおかしの組み合わせが、ちょうど200円になります。

㋐（チョコ、ラムネ、キャラメル、ガム、~~クッキー~~、アメ）

㋑（~~チョコ~~、ラムネ、~~キャラメル~~、ガム、クッキー、アメ）

㋒（~~チョコ~~、~~ラムネ~~、キャラメル、ガム、クッキー、~~アメ~~）

こたえ　3通り

保護者の方へ

適当に組み合わせてたし算をしてみたら200円になった……。もちろんこれでもかまいません。おかしはたったの6種類しかないので、実際にたし算してみればこたえが見つけられそうだという感覚や、こたえを見つけた達成感が大切です。こたえ合わせをしたあとに、こたえを見つけるもっとかんたんな方法があるよという形で、残りのほうに着目する考え方を確認すればよいでしょう。

7

べんきょうした日　　月　　日

数と計算

レベル ★★☆

計算ロボット

むっくんの夢の中に、自動で計算してくれるロボットが登場します。このロボットたちは、どんな計算をしているのでしょうか。

うーん……、
今日の宿題は、計算がたくさんあって大変だ～
自動で計算してくれるロボットがあればいいのにな……
むにゃむにゃ…
ぼくたちにおまかせ！
数字のカードを口に入れると計算するよ
ヤッター
ア
イ
本当にできるのかな？
両方に2と5を入れてみよう
ピカーン
7
10
あれ？ちがうこたえが出てきたぞ
なんでだろう？どんな計算してるんだろう？

もんだい

2体の計算ロボット㋐と㋑があります。数字が書かれたカードをロボットの口に入れると、ある計算をして、こたえが書かれたカードが出てきます。むっくんがいくつかのカードを入れてみると、下のようなこたえが出てきました。

入れたカード　　　　　　　こたえ

[2][5] →　　→ [7]

[1][3][4] →　　→ [8]

入れたカード　　　　　　　こたえ

[2][5] →　　→ [10]

[1][3][4] →　　→ [12]

(1)　[3]と[7]を入れたとき、ロボット㋐と㋑から出てくるこたえは、それぞれ何ですか。

こたえ　ロボット㋐…　　　　ロボット㋑…

(2)　ある3つの数を入れたところ、ロボット㋐からは[10]、ロボット㋑からは[30]が出てきました。入れた3つの数は何だったでしょうか。

こたえ

こたえとかいせつ

(1)　ロボット㋐はたし算、ロボット㋑はかけ算をしています。

㋐ … 2＋5＝7
　　 1＋3＋4＝8

㋑ … 2×5＝10
　　 1×3×4＝12

したがって、[3]と[7]を入れると、次のようなこたえが出てきます。

㋐ … 3＋7＝10　　　㋑ … 3×7＝21

こたえ　ロボット㋐…10　　ロボット㋑…21

(2)　たして10になる3つの数なので、どれも10より小さい数です。このはんいで、こたえが30になるかけ算を考えると、5×6＝30がすぐに思いつきます。入れた数は3つなので、さらにこたえが5、6になるかけ算を考えます。

1×5×6＝30　→　1＋5＋6＝12　…×

5×1×6＝30　→　5＋1＋6＝12　…×

5×2×3＝30　→　5＋2＋3＝10　…○

したがって、3つの数は、[2]、[3]、[5]とわかります。

こたえ　[2]　[3]　[5]

保護者の方へ

ロボットの計算は、数学的に厳密な意味では何通りもあり得るのですが、ここでは小３までに学習する計算のはんいが前提です。具体的に「＋、－、×、÷のどれかだよ」というヒントをあげてもよいでしょう。

8

べんきょうした日　　月　　日

数と計算

レベル ★☆☆

「10」を作ろう！

4個の数字でこたえが10になる式を作ります。いろんな式を作ってためしてみると、少しずつコツがわかってきます。

早く着かないかなぁ……外のけしき、もうあきちゃった！
ガタン　ゴトン
じゃあ、お父さんと計算クイズをやろう
さっきわたしたきっぷを出してごらん
えー、きっぷで計算クイズ？
左下に4けたの数字があるよね？
新宿
850円
小児430円
7328
えーと、7、3、2、8ってある、これ？
うん。その数字でこたえが10になる式を作れるかな？
おもしろそうね～！やってみよう！
お父さんもやるから、10にできるかどうか挑戦だ！

もんだい

下の㋐～㋓の4個の数字を使って、こたえが10になる式を作りましょう。

ただし、4個の数字は、書かれている順に使いますが、2個の数字をくっつけて2けたの数として使うことはできません。また、（　）を使ってもかまいません。

〈例〉　4個の数字が3、1、2、5のとき

$3 \times 1 + 2 + 5 = 10$　…○　　$(3 + 1) \div 2 \times 5 = 10$　…○

$3 + 12 - 5 = 10$　…×

（1と2をくっつけない）

㋐　9、3、4、2　　㋑　3、6、1、8

㋒　8、4、1、4　　㋓　5、8、2、3

こたえ

㋐

㋑

㋒

㋓

こたえとかいせつ

まず、2個の数字を使ってこたえが10になる計算を考えます。

- たし算 … 1＋9、2＋8、3＋7　など
- ひき算 … 11－1、12－2、13－3　など
- かけ算 … 1×10、2×5
- わり算 … 10÷1、20÷2、30÷3　など

次に、4個の数字を2個と2個、または1個と3個（3個と1個）の組に分けて、上の計算にうまくあてはまるように工夫します。

㋐ （9、3）と（4、2）に分けてみます。

9＋3＝12と考えると、
12－2＝10より、9＋3－(4－2)＝10ができます。

ほかに、9＋3－4÷2＝10などもできます。

（9、3、4）と（2）に分けてみると、
9÷3×4＝12なので、9÷3×4－2＝10ができます。

㋑～㋓も同じように作ることができます。

こたえの〈例〉

㋐ **左のかいせつの通り**

㋑ **3×6−1×8＝10**

3×6×1−8＝10

㋒ **8÷4×(1＋4)＝10**

8×(4＋1)÷4＝10

㋓ **5×(8−2)÷3＝10**

5×(8−2×3)＝10

上の〈例〉のほかにも、式を作れるものもあります。

保護者の方へ

「Make10」「10パズル」などの呼び名で知られる有名な計算パズルです。かいせつに書かれているコツがわかれば、電車の切符のはしの4けたの数字や自動車のナンバープレートの数字などを使って、日常生活の中でも気軽に楽しめますね。もんだいでは使う数字の順番を固定していますが、順番を自由に変えてもよいでしょう。

べんきょうした日　　月　　日

9

数と計算

レベル ★★☆

答えを大きくするひき算、小さくするひき算

ひき算のこたえが大きくなったり小さくなったりするのはどんなときでしょう？　ひかれる数とひく数との関係を考えます。

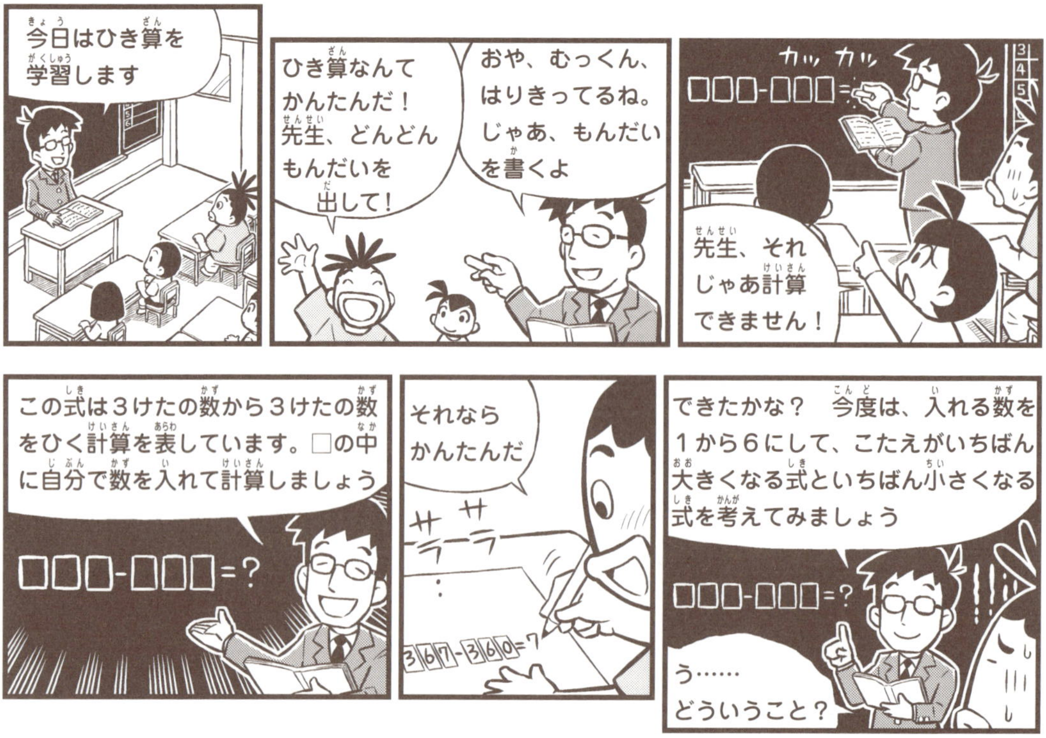
今日はひき算を学習します
ひき算なんてかんたんだ！先生、どんどんもんだいを出して！
おや、むっくん、はりきってるね。じゃあ、もんだいを書くよ
カッ カッ
□□□-□□□=
先生、それじゃあ計算できません！
この式は3けたの数から3けたの数をひく計算を表しています。□の中に自分で数を入れて計算しましょう
□□□-□□□=?
それならかんたんだ
サ サ ラーラー
367-360=7
できたかな？　今度は、入れる数を1から6にして、こたえがいちばん大きくなる式といちばん小さくなる式を考えてみましょう
□□□-□□□=?
う……どういうこと？

もんだい

下の式は、3けたの数から3けたの数をひく、ひき算を表しています。それぞれの□に1〜6までの数字を1つずつ入れて、できた式を計算します。

□□□－□□□＝？

(1) ひき算のこたえがいちばん大きくなるように、□の中にそれぞれ数を入れましょう。

こたえ □□□－□□□

(2) ひき算のこたえがいちばん小さくなるように、□の中にそれぞれ数を入れましょう。

こたえ □□□－□□□

こたえとかいせつ

(1)　ひき算のこたえを大きくするには、ひかれる数を大きく、ひく数を小さくします。

・ひかれる数 … 百の位から順に大きい数を入れます。 → [6][5][4]

・ひく数 … 百の位から順に小さい数を入れます。 → [1][2][3]

こたえ　[6][5][4]－[1][2][3]

(2)　ひき算のこたえを小さくするには、ひかれる数とひく数が近くなるようにします。

まず、百の位を考えると、[2]□□－[1]□□、[3]□□－[2]□□……などがあります。

・[2]□□－[1]□□の場合

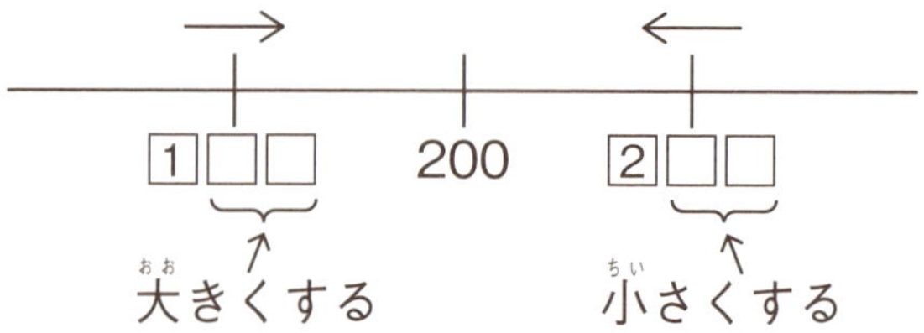

1□□
200
2□□
大きくする
小さくする

[2]□□と[1]□□を近づけるためには、
[2]□□の下2けた（十の位と一の位）は小さく、[1]□□の下2けたは大きくすればよいので、[2][3][4]－[1][6][5]となります。

同じようにして、ほかの場合も見ていくと、

314－265、412－365、512－463、612－543

となり、下2けただけを見ると、
いちばん小さい数は□12、
いちばん大きい数は□65です。

したがって、このときの残りの3と4を百の位に入れた、
412－365が、こたえがいちばん小さくなることがわかります。

こたえ　412－365

保護者の方へ

適当に数をあてはめてこたえを探せるもんだいではないので、ひき算を考える前に、「1～6の数字で作れる3けたの数で、一番大きい数、一番小さい数は？」というヒントから入ってもよいでしょう。(2)は難問です。百の位の差が1のときというところまでしぼれたら、あとは6□□－5□□のとき、5□□－4□□のとき、……というように大きく場合分けして、具体的に数を入れて計算してみるのが現実的です。正解の理由は、かいせつを読んで納得できれば十分です。

べんきょうした日　　月　　日

10

数と計算

レベル ★☆☆

日本とドイツの時差

「時差」についてのもんだいです。もんだいの中では、「いま」は9月で、日本とドイツとの間の時差は7時間です。

お母さん、お父さんはいま、お仕事でドイツにいるんでしょ
そうよ。でも、もうすぐ帰ってくるよ
わーい！
もうすぐって、今夜？　いつ？
明日の飛行機に乗るっていってたけど……。何時の飛行機だったかな？
お父さんに電話してみようよ。今日は日曜日だからお仕事中じゃないよね？
そうだけど、まだねてるんじゃないの
えー、もうすぐお昼だよ
日本とドイツは時刻がちがうの
ドイツはいま、夏時間だから、日本の7時間前よ
へー、そうなんだ。ということは……、ドイツでは、いま何時だろう？

※ドイツとの時差は通常8時間。3月の最終日曜日から10月の最終日曜日までは夏時間で、1時間早まります。

もんだい

日本とドイツの間には時差（時刻のちがい）があり、ドイツでは日本の7時間前の時刻です。なお、時刻は午前または午後をつけてこたえましょう。

(1)　日本が午前11時のとき、ドイツでは何時ですか。

こたえ

(2)　ドイツが午前8時のとき、日本では何時ですか。

こたえ

(3)　ドイツから日本までは、飛行機で11時間かかります。ようちゃんのお父さんは、ドイツを現地時間で9月6日午後5時に出発する飛行機に乗って日本に帰ってきます。日本に着くのは、日本の時間の9月何日何時ですか。

こたえ

こたえとかいせつ

ドイツは日本の7時間前の時刻、
日本はドイツの7時間後の時刻です。

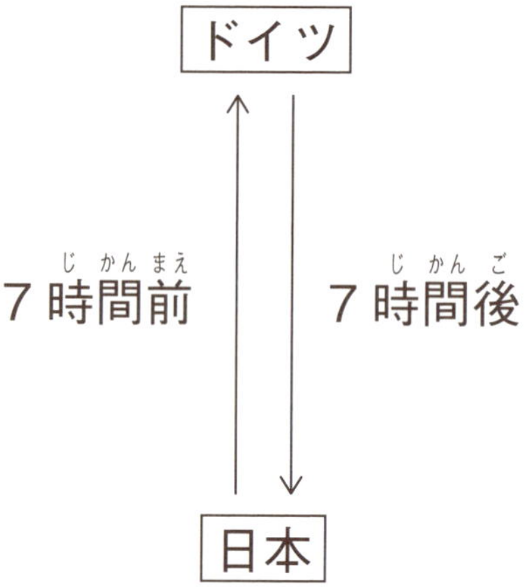
ドイツ
7時間前
7時間後
日本

(1)　ドイツは日本の7時間前の時刻なので、

11時－7時＝4時

こたえ　**午前4時**

(2)　(1)とは逆にドイツの時刻をもとにすると、日本はドイツの7時間後の時刻なので、

8時＋7時＝15時

これは、午前12時（午後0時）を3時間過ぎているので、午後3時のことです。

こたえ　**午後3時**

(3) 次の図のように、ドイツと日本の時刻を数直線で表すと考えやすくなります。

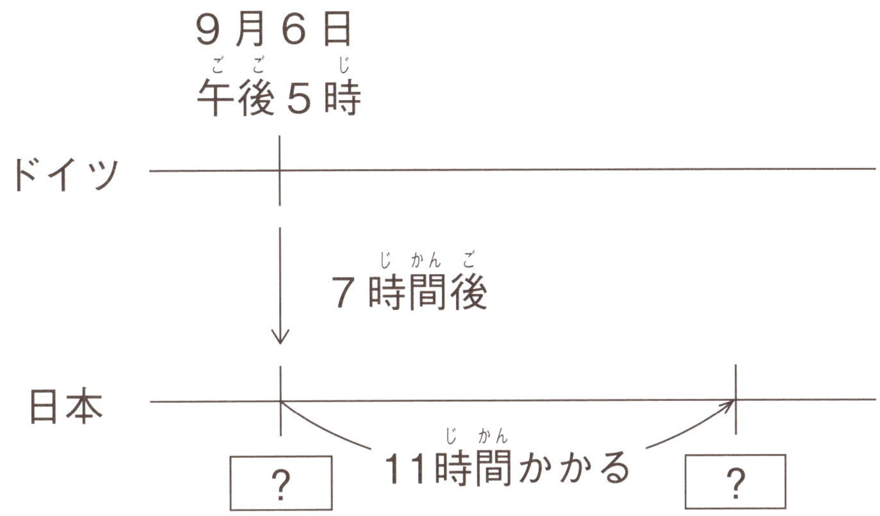
9月6日
午後5時
ドイツ
7時間後
日本
?
11時間かかる
?

5時＋7時＝12時より、お父さんがドイツを出発するのは、日本の時間で9月6日午後12時、つまり9月7日午前0時です。

したがって、日本に着くのは、
0時＋11時＝11時、つまり9月7日午前11時になります。

こたえ **9月7日午前11時**

11

べんきょうした日　　月　　日

数と計算

レベル ★☆☆

変形穴あき九九

かけ算九九の表で、かける数の順番をバラバラにした少し意地悪なもんだいです。いつもとは逆に、こたえからかける数を考えます。

もんだい

右の表は、九九の表の一部を取り出したもので、㋐～㋙には、それぞれ1～9のうちどれかの数が入りますが、たて、横とも数が小さい順にならんでいるとはかぎりません。また、かけ算のこたえはまだいくつかしか入っていません。

×	㋕	㋖	㋗	㋘	㋙
㋐		6			
㋑	21		24		
㋒		4		12	
㋓			16		10
㋔				27	

(1)　表の㋑、㋓に入る数を求めましょう。

こたえ　㋑＝　　　　㋓＝

(2)　㋐㋒㋔、㋕～㋙の数を求め、空いているますにかけ算のこたえを入れましょう。

こたえ

×	㋕	㋖	㋗	㋘	㋙
㋐		6			
㋑	21		24		
㋒		4		12	
㋓			16		10
㋔				27	

こたえとかいせつ

(1)　九九のこたえで、同じ行に21と24があるのは3の段（3×7＝21、3×8＝24）だけです。

　また、同じ行に16と10があるのは2の段だけなので、㋑＝3、㋓＝2とわかります（このことから、㋕＝7、㋗＝8、㋙＝5もわかります）。

×	㋕	㋖	㋗	㋘	㋙
㋐		6			
㋑	21		24		
㋒		4		12	
㋓			16		10
㋔				27	

こたえ　㋑＝3　㋓＝2

(2)　今度は、表をたてに見ます。
　九九のこたえで、同じ列に12と27があるのは3の段だけなので、㋘＝3とわかります。このことから、㋒＝4、㋔＝9もわかります。

×	7	㋖	8	㋘	5
㋐		6			
3	21		24		
㋒		4		12	
2			16		10
㋔				27	

最後(さいご)に、4×㋖＝4より、㋖＝1

㋐×1＝6より、㋐＝6

とわかります。

×	7	㋖	8	3	5
㋐		6			
3	21		24		
4		4		12	
2			16		10
9				27	

表(ひょう)の空(あ)いているますをすべてうめると、次(つぎ)のようになります。

×	7	1	8	3	5
6	42	6	48	18	30
3	21	3	24	9	15
4	28	4	32	12	20
2	14	2	16	6	10
9	63	9	72	27	45

こたえ　**左(ひだり)の表(ひょう)の通(とお)り**

12

べんきょうした日　　月　　日

数と計算

レベル ★★☆

小町算にチャレンジ！

「小町算」と呼ばれるもんだいです。このもんだいをやったあとに、ヒントなしで100になる式を作るのにチャレンジしましょう。

う〜ん、うまくいかないな……
お父さん、何の計算をしてるの？
小町算だよ
小町算って何？
1から9までの数字を順に1回ずつ使って、こたえが100になる式を作るんだ。
123456789
和算（日本の昔の算数）の本にのってるもんだいだよ
ぼくもやる！どうすればいいの？
でたらめにやってもうまくいかないから、まずは全部たしてみよう
1＋2＋3＋……、9まで全部たすと45だ！あと55ふやさないといけないね
ふやすには、たし算をかけ算に変えてもいいし、2＋3を23のようにしてもいいよ
よーし、こたえが100になるようにがんばるぞ！

もんだい

(1)　次(つぎ)の式(しき)を、(　)の中(なか)のやり方(かた)で、こたえが100になるようにしましょう。

① 1＋2＋3＋4＋5＋6＋7＋8＋9＝100
（＋を1つだけ×に変(か)える）

こたえ

② 1＋2＋3＋4＋5＋6＋78＋9＝100
（＋を1つだけ－に変(か)える）

こたえ

(2)　4つの□に＋、－、×、÷を1つずつ入(い)れて、こたえが100になるようにしましょう。

1□2□3□4＋56□7＋89＝100

こたえ

こたえとかいせつ

(1)　まず、それぞれの式と100との差を求めます。

①　1＋2＋3＋4＋5＋6＋7＋8＋9＝45、
100－45＝55

＋を×に変えると55大きくなるところをさがします。

8＋9＝17、8×9＝72、72－17＝55から、
8＋9を8×9に変えるとうまくいきます。

②　1＋2＋3＋4＋5＋6＋78＋9＝108、
108－100＝8

たし算をひき算に変えると
こたえが8小さくなる数を考
えます。

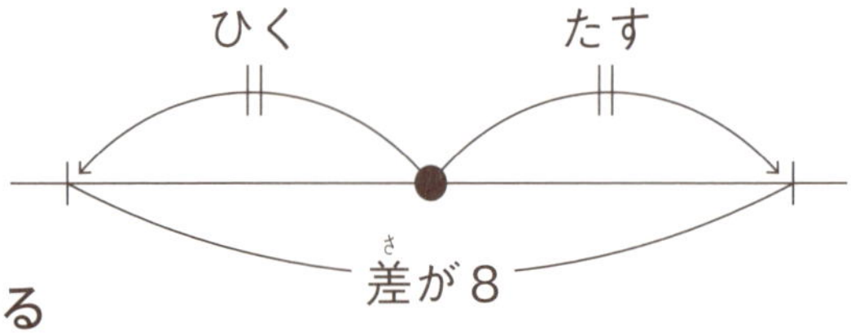

1＋2＋3＋4＝10
1＋2＋3－4＝2
（8小さくなる）

4の前の＋を－に変えるとうまくいきます。

こたえ

①　1＋2＋3＋4＋5＋6＋7＋8×9＝100

②　1＋2＋3－4＋5＋6＋78＋9＝100

(2)　÷が入るのは、わり算をしてわり切れるところだけなので、56÷7です。
56÷7＋89＝97、
100－97＝3なので、
1□2□3□4＝3になるように、＋、－、×を入れます。
→1＋2×3－4＝3

こたえ　1＋2×3－4＋56÷7＋89＝100

チャレンジ

（1）（2）をさんこうにして、こたえが100になるいろいろな式を作ってみましょう。

保護者の方へ

日本を始め海外でも古くから知られる計算パズルです。もんだい8に出てくる「10パズル」に似ていますが、計算式が長いぶんだけ、うまくこたえが100になったときの「できた！」という達成感は格別です。もんだい自体は誘導付きなのでそれほどむずかしくはありません。かいせつを読んだあとに、ヒントなしでチャレンジしてもらいたいものです。とちゅうの計算もふくめて整数の四則計算のはんいでできるこたえは、全部で97通りあります。

13

べんきょうした日　　月　　日

数と計算

レベル ★☆☆

1＋2＋3＋…

…＋100＝？

整数を1から順にたす計算です。うまく工夫すると、とてもかんたんにこたえが出せます。

チャリン
むっくん、貯金してるの？
そう！今日でもう4日目だよ
いくらたまったの？
えーと、1＋2＋3＋4＝10円だね
……たったの10円？
そんなことないよ。毎日1円ずつ多く貯金していくから
100日間貯金したら、いくらになると思う？
1＋2＋3＋……、これを＋100まで続けるのか～！めんどくさいな！
かんたんな計算のしかたがあるのよ

もんだい

1＋2＋3＋……と、整数を1から順にたすときの計算のしかたについて考えます。

たとえば、1＋2＋3＋4のこたえは、下の図のように考えると、5×4÷2＝10と求めることができます。この考え方を使って、次の（1）～（3）のこたえを求めましょう。

〈例〉

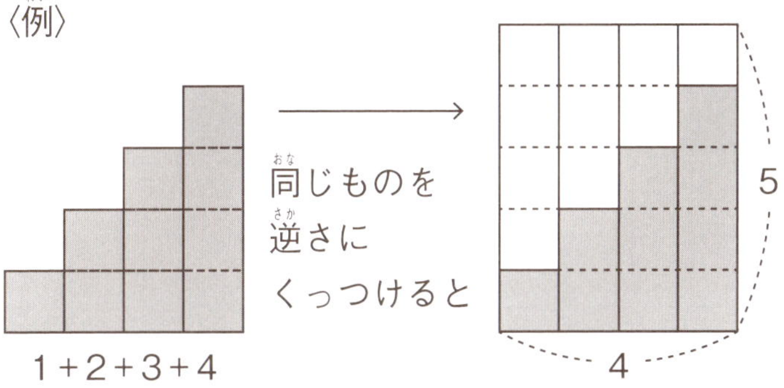

1＋2＋3＋4
同じものを
逆さに
くっつけると
5
4

（1）　1＋2＋3＋……＋10

こたえ

（2）　1＋2＋3＋……＋100

こたえ

（3）　20＋21＋22＋……＋50

こたえ

こたえとかいせつ

(1)　もんだいの〈例〉は、たし算を正方形のますの数におきかえて考えています。

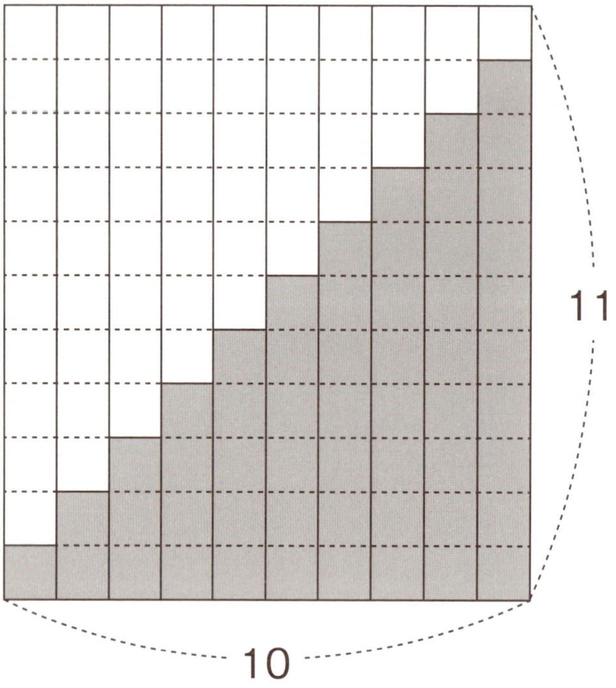

1＋2＋3＋……＋10をます目におきかえて、同じものを逆さにくっつけます。

ます目の数は、たてが1＋10＝11、横が10になります。

したがって、11×10÷2＝55

こたえ　**55**

(2)　たす数が大きくなっても考え方は同じです。

$$1+2+3+\cdots\cdots+100$$
$$=(1+100)\times 100\div 2$$
$$=5050$$

こたえ　**5050**

(3)　たすのは20からなので、1〜50をたしたこたえから、1〜19をたしたこたえをひきます。

$$1+2+3+\cdots\cdots+50$$
$$=(1+50)\times 50\div 2$$
$$=1275$$

$$1+2+3+\cdots\cdots+19$$
$$=(1+19)\times 19\div 2$$
$$=190$$

$$1275-190=1085$$

こたえ　**1085**

14

べんきょうした日　　月　　日

図形

レベル ★☆☆

一筆がき

一筆がきは図形によってできるものとできないものがあります。ある部分に着目すると、かんたんに見ぬくことができます。

お父さん、一筆がきって何のこと？
えんぴつをとちゅうで紙からはなさないで図形や絵をかくことだよ
1回通った線はもう通れないよ
たとえば、こういうこと？
そうだよ
こんなのだってできるぞ
サラサラ
すごーい!!
おもしろそうだね
ぼくもやってみようっと！

もんだい

下の①～④の図形をそれぞれ一筆がきでかきましょう。ただし、1つだけ一筆がきできない図形があります。その番号をこたえましょう。

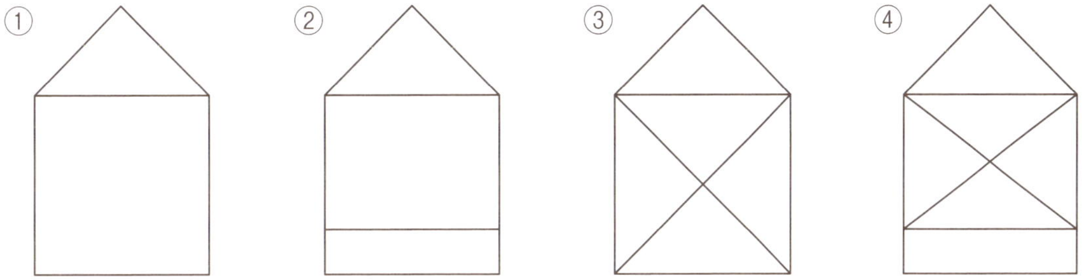
①
②
③
④

どこから
かこうかな？

こたえ

こたえとかいせつ

《一筆がきができるかどうかを見分けるには》

3本以上の線が集まっている点に注目します。このとき、集まっている線の数が奇数の点を「奇数点」、偶数の点を「偶数点」とよぶことにします。

奇数 … 2でわると1あまる数：1、3、5 …
偶数 … 2でわり切れる数　：2、4、6 …

- 奇数点がないとき

→どこからかいても一筆がきができます。

- 奇数点が1個のとき

→このような図形を作ることはできません。

- 奇数点が2個のとき

→奇数点の一方をかき始め、もう一方をかき終わりにして、一筆がきができます。

- 奇数点が3個以上のとき

→一筆がきはできません。

では、もんだいの①～④の図形(ずけい)を見(み)てみましょう。

①
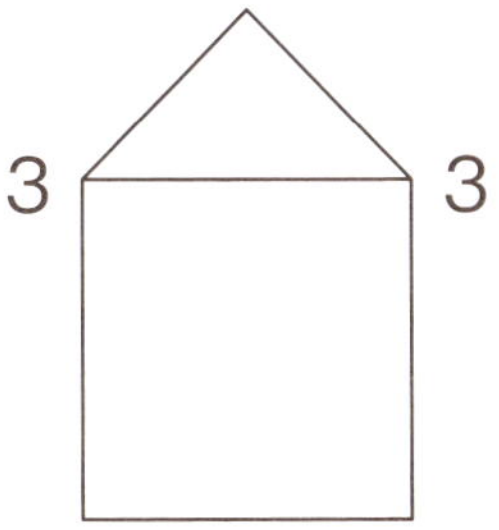

〈例(れい)〉
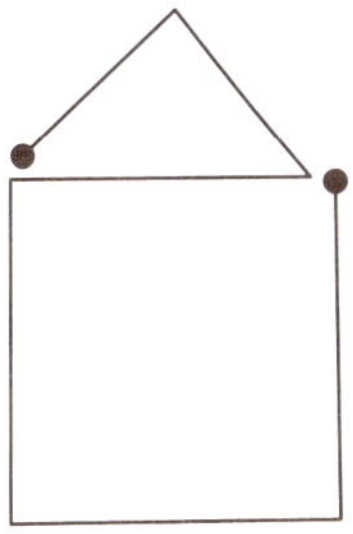

②
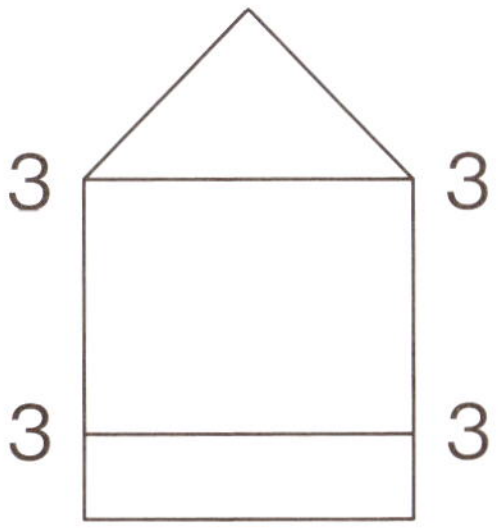

一筆(ひとふで)がきはできません

③
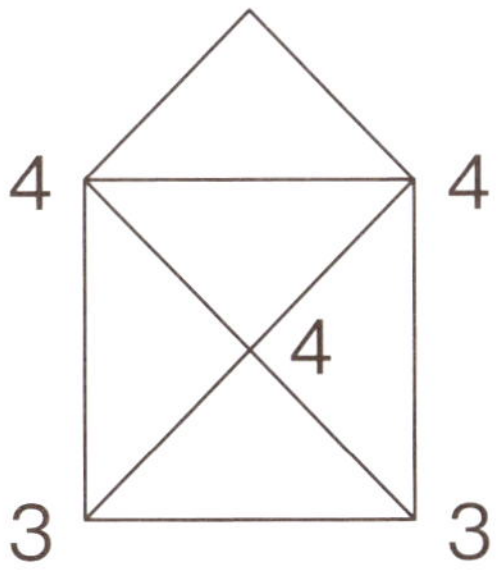

〈例(れい)〉
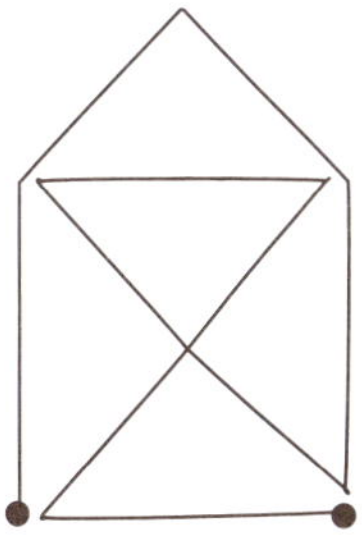

④
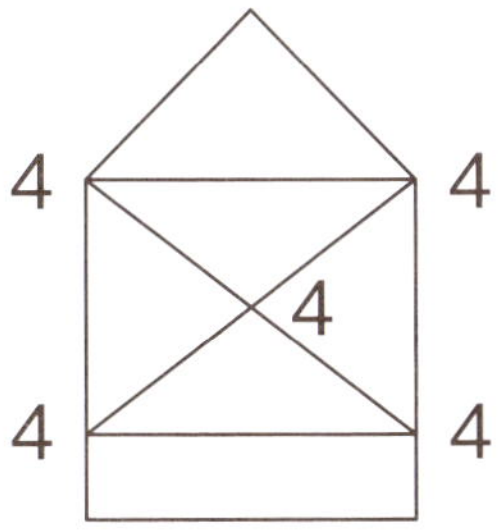

〈例(れい)〉
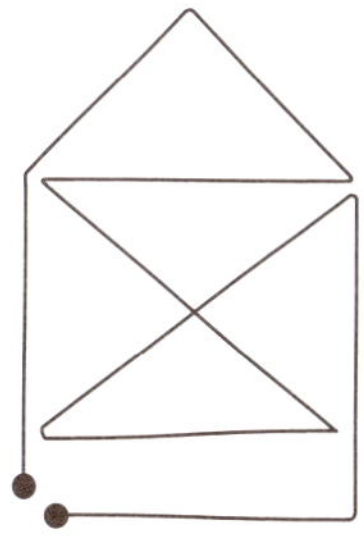

こたえ ②

15

べんきょうした日　月　日

図形

レベル ★☆☆

立方体の展開図

展開図を頭の中で組み立ててみます。ぴんとこないときは、紙を切って展開図を作り、実際に組み立ててみるのもよいでしょう。

サイコロの形にはどんな特ちょうがあるかな？
はーい！すべての面が正方形です！
その通りだね
サイコロのように6個の正方形の面でできた形を、立方体というよ
このように立方体を開くと
本当だ！正方形が6個つながってる！
そこで今日は、工作用紙に立方体を開いた図をかいてみよう
組み立てたら立方体になるようにかくのか……むずかしいな
こうかな？

もんだい

ふうくんたちのクラスで立方体の展開図をかきました。下の㋐〜㋕のように、いろいろな展開図ができましたが、組み立てても立方体にならないものが2つあります。それはどれとどれでしょうか。なお、展開図とは立体を辺にそって切り開いた図のことです。

㋐

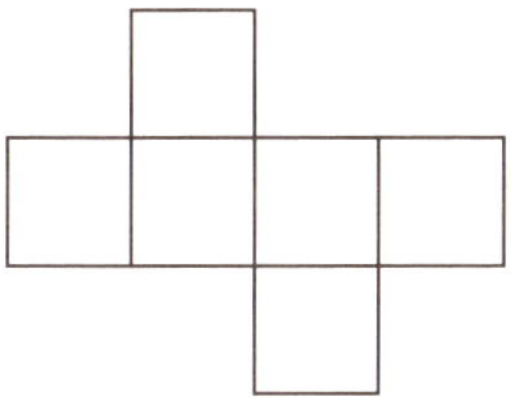

㋑

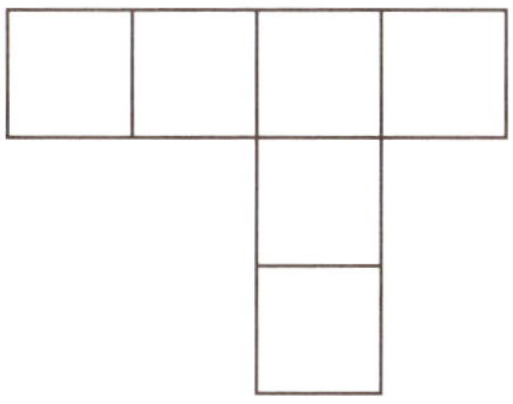

㋒

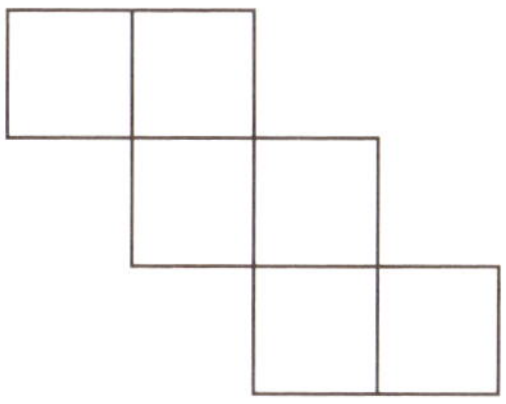

㋓

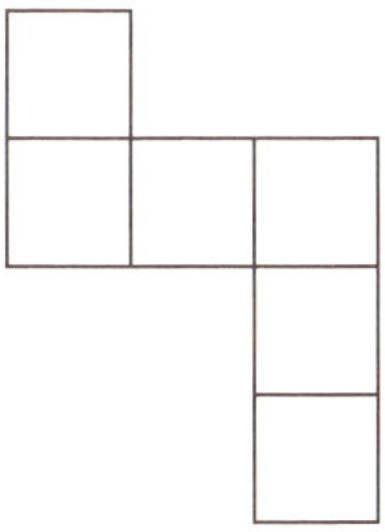

㋔

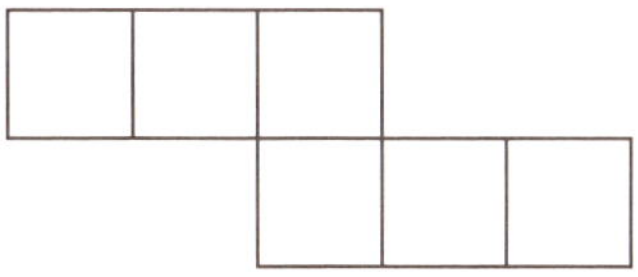

㋕

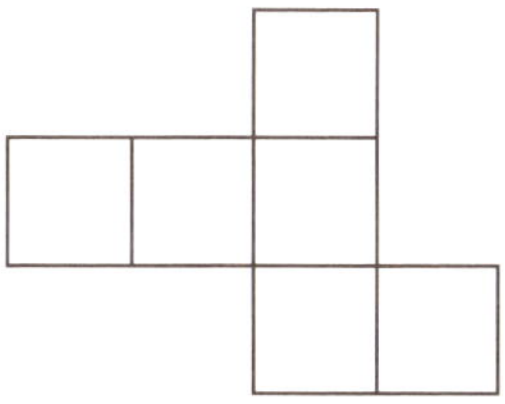

こたえ

こたえとかいせつ

立方体には、向かい合う面が 2 つずつ、全部で 3 組あります。

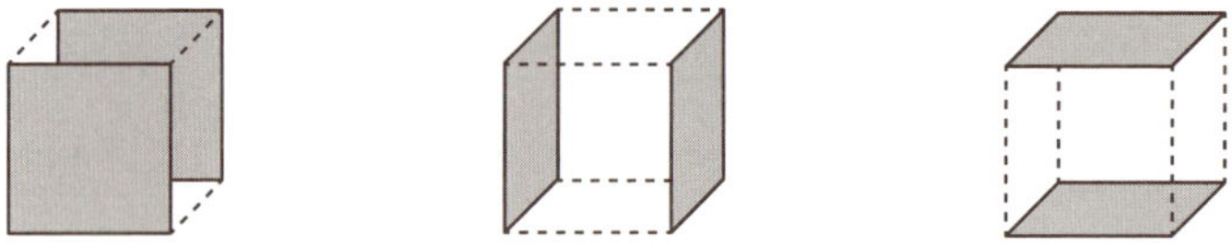

向かい合う 2 つの面は、展開図ではおもに下の図のような位置になります。

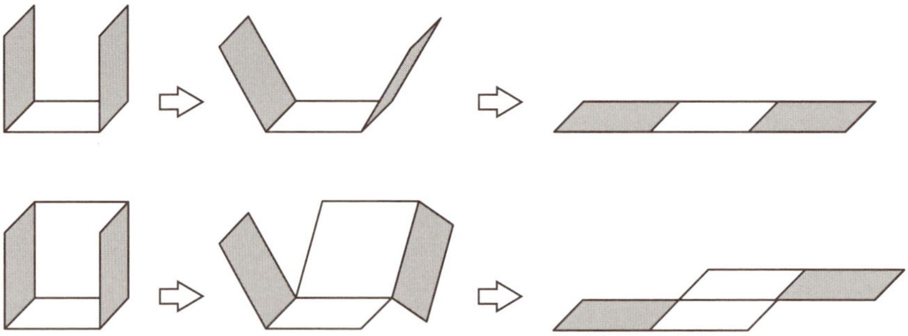

このことをさんこうにして、組み立てたときに向かい合う面に同じ印をつけると、次のようになります。

㋐

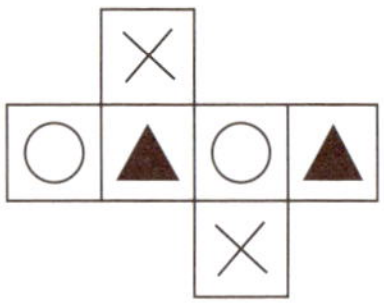

㋑

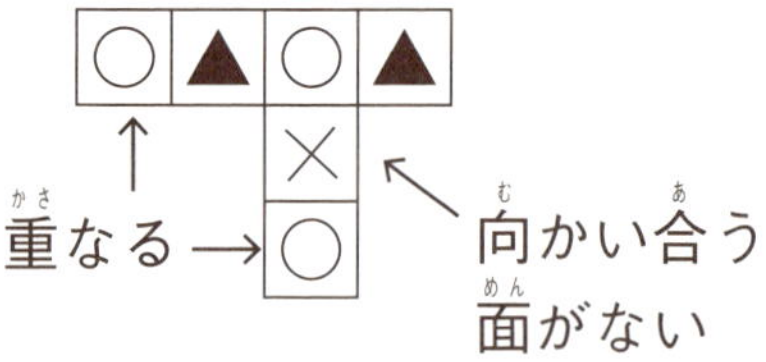
重なる
向かい合う
面がない

㋒

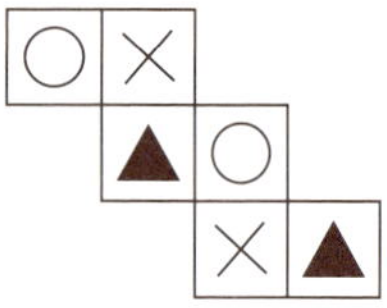

㋓

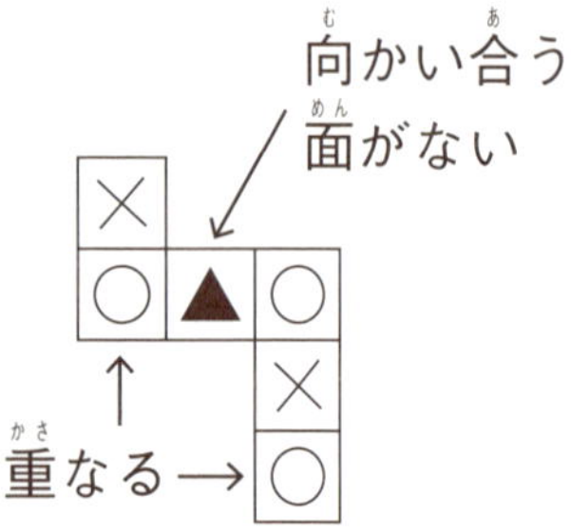
向かい合う
面がない
重なる

㋔

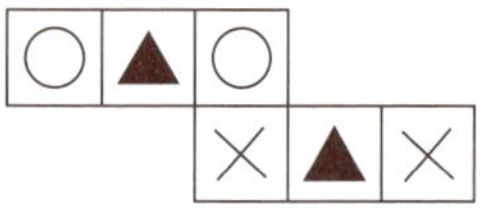

㋕

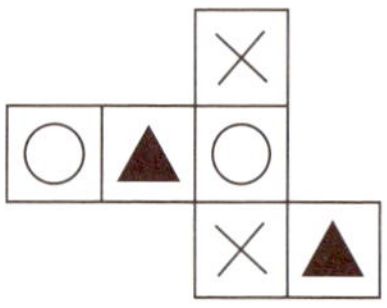

㋐、㋒、㋔、㋕は向かい合う面が 2 つずつ、3 組できますが、㋑と㋓は重なってしまう面ができるため、組み立てても立方体になりません。

こたえ　㋑と㋓

さんこう

立方体の展開図は全部で 11 種類あります。かいせつのように、向かい合う面に印をつけてたしかめてみましょう。

べんきょうした日　　　月　　　日

16

図形

レベル ★★☆

積み木をおいた場所は？

バラバラの位置においた積み木は、見る方向によってちがったならびに見えます。その見え方から逆に積み木の位置を推理します。

お父さん、何してるの？
いっくんにクイズを出そうと思って、積み木をならべてるんだよ
いま、青の積み木が真ん中にあるね
そうだね
白
黄
青
では、積み木にさわらないで黄色の積み木を真ん中にするには、どうすればいいかな？
えー、そんなの無理だよ
お手上げかい？
それじゃあ、そっちのいすにすわってごらん
わー、黄色が真ん中になった！
見る方向がちがうと見え方も変わるんだよ
黄
白
青

もんだい

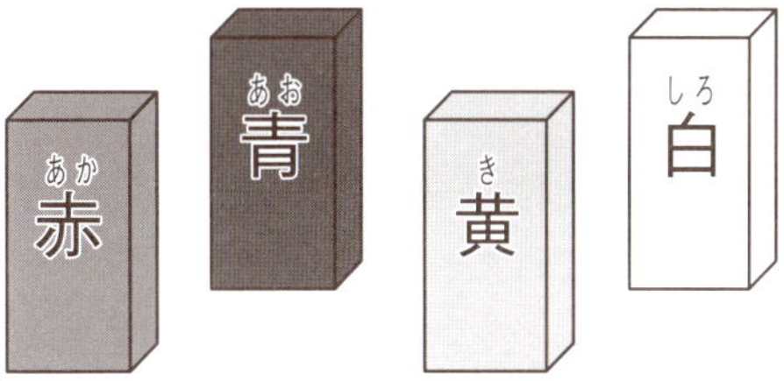

　右の図のような1～16の番号が入ったます目があり、そのうちの4つのます目に赤、青、黄、白の4本の積み木をおきます。それを前と右の2つの方向から見ると、それぞれ下の図のように見えました。

　4本の積み木は、それぞれ何番のます目においたでしょうか。

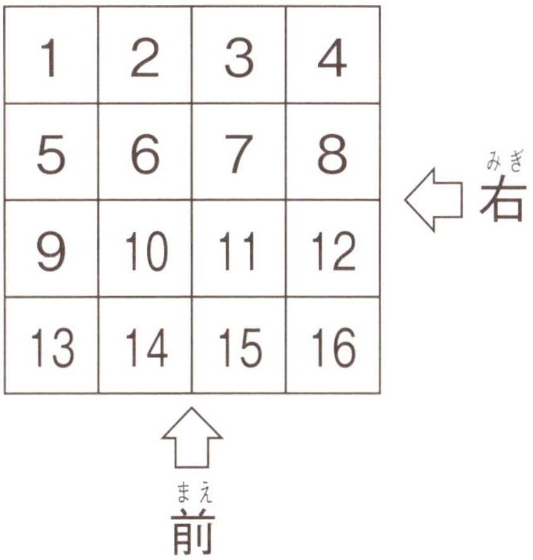

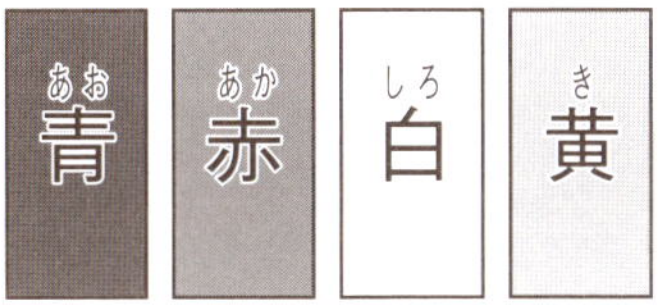

前から

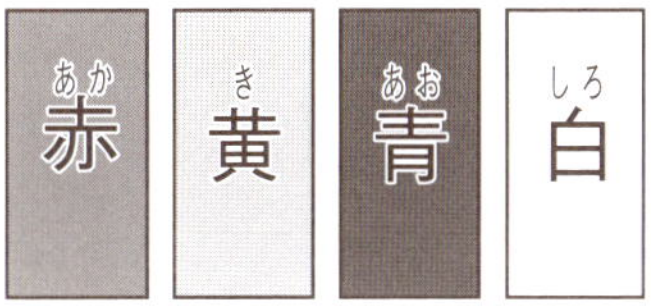

右から

こたえ

赤…　　　　青…

黄…　　　　白…

こたえとかいせつ

ます目の図に、2つの方向から見えた色の場所を整理します。

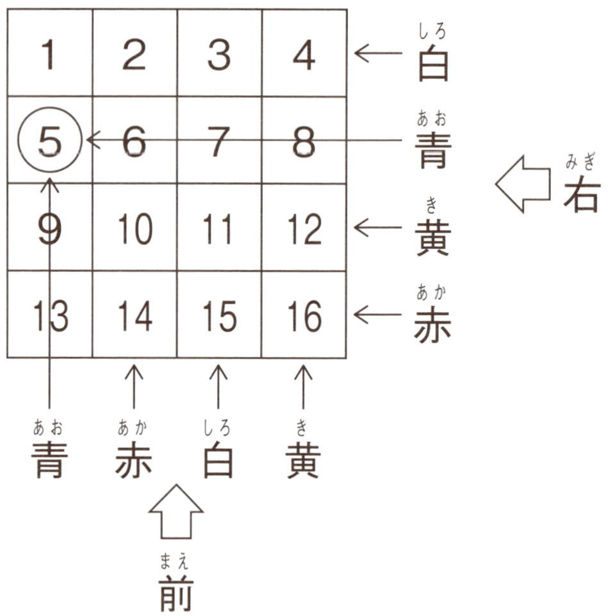

たとえば、青は図の左から1列目、上から2行目に見えたので、5番のます目においたことがわかります。残りの3本も同じようにして求めます。

赤…左から2列目、上から4行目→14番

白…左から3列目、上から1行目→3番

黄…左から4列目、上から3行目→12番

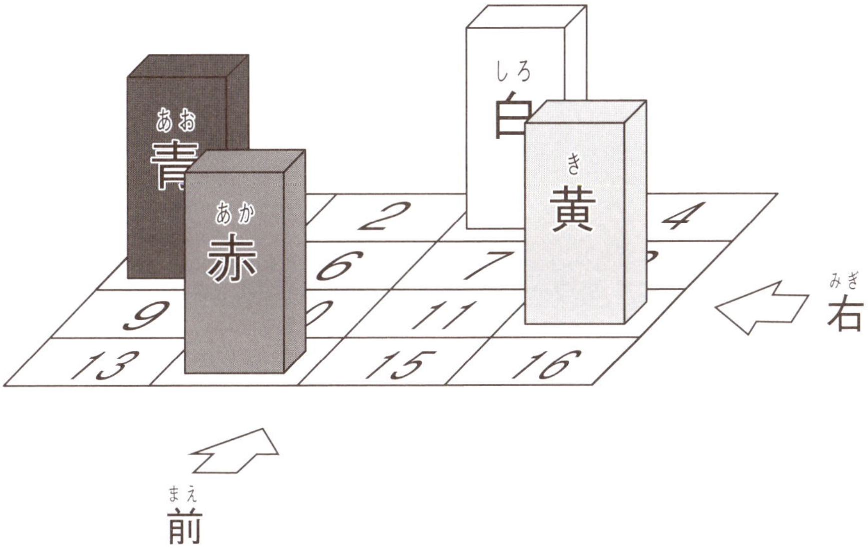

こたえ　**赤…14番**　**青…5番**

黄…12番　**白…3番**

17

べんきょうした日　　月　　日

図形

レベル ★★☆

正方形は全部で何個？

タイルもようの中にある大小の正方形の数を数えます。意外にたくさんの正方形がありますよ。

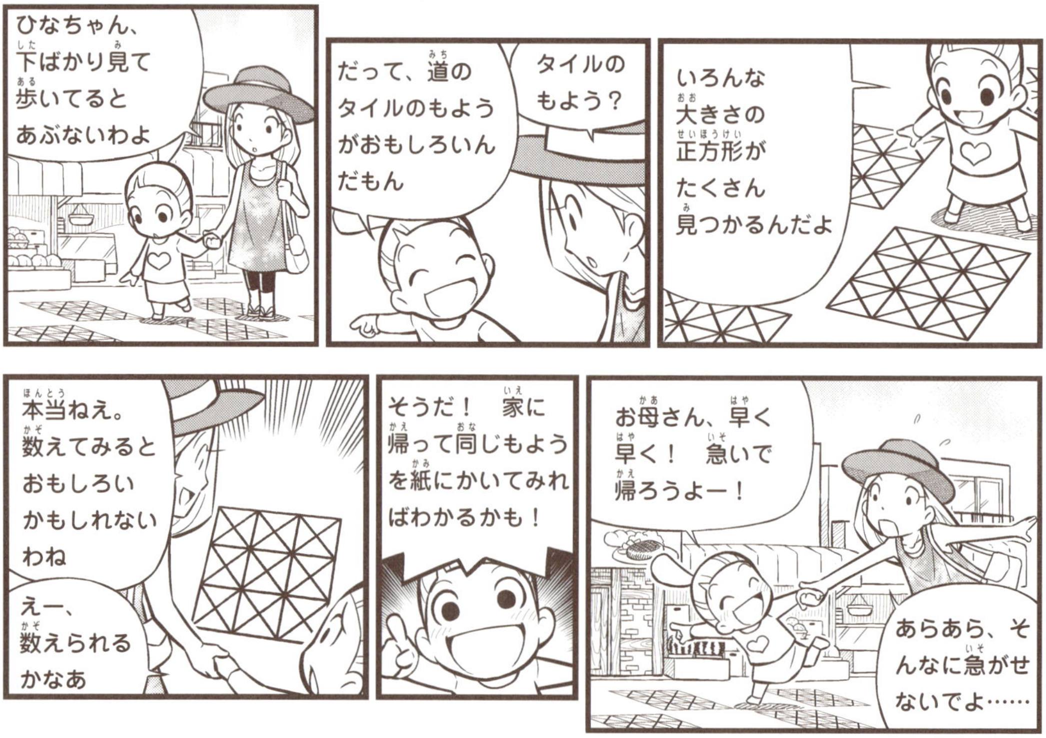

ひなちゃん、下ばかり見て歩いてるとあぶないわよ
だって、道のタイルのもようがおもしろいんだもん
タイルのもよう？
いろんな大きさの正方形がたくさん見つかるんだよ
本当ねえ。数えてみるとおもしろいかもしれないわね
えー、数えられるかなあ
そうだ！　家に帰って同じもようを紙にかいてみればわかるかも！
お母さん、早く早く！　急いで帰ろうよー！
あらあら、そんなに急がせないでよ……

もんだい

ひなちゃんが、正方形をたて、横に3個ずつならべたます目に、もようをかいたら、下の図のようになりました。

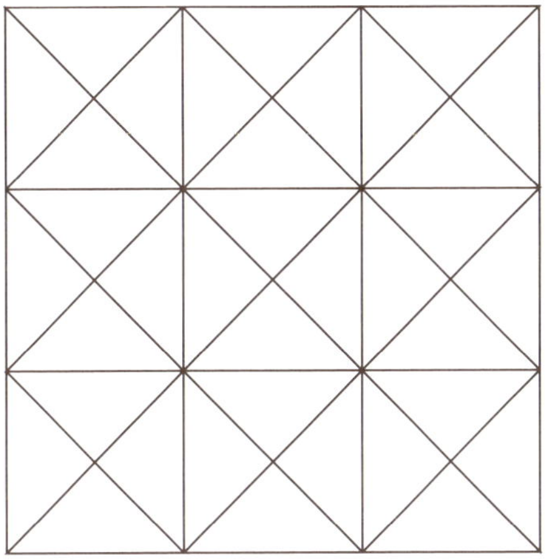

(1)　図の中に、大きさのちがう正方形は何種類ありますか。

こたえ

(2)　図の中に、正方形は全部で何個ありますか。

こたえ

こたえとかいせつ

（1）　正方形の種類は全部で、次の㋐～㋔の5種類です。

㋐

㋑

㋒

㋓

㋔

こたえ　**5種類**

（2）（1）で調べたあ〜おの種類ごとに、それぞれ個数を調べます。

あ … たて、横に3個ずつあるので、
3×3＝9（個）

い … たて、横に2個ずつあるので、
2×2＝4（個）

う … 1個

え … 正方形をななめの線で4等分した
中に3個ずつあるので、
3×4＝12（個）

真ん中の1個

お … たて、横に2個ずつと、真ん中に
1個あるので、
2×2＋1＝5（個）

したがって、全部で、
9＋4＋1＋12＋5＝31（個）

こたえ **31個**

チャレンジ

三角形の数を数えてみましょう。
なんと、全部で124個もありますよ！

18

べんきょうした日　　月　　日

図形

レベル ★★☆

畳のしきつめ方

6枚の畳のしきつめ方を考えます。中学入試では、畳の枚数が8枚、10枚…と発展していくもんだいが出されることもあります。

どうぞ、入って
あれ、ぼくの家の和室と、畳のならべ方がちがうよ
そうだったっけ？　あのテレビのあるへやだよね？　たしか広さはだいたい同じじゃなかった？
そういえばそうだね
畳にはいろんなならべ方があるのよ。さて、ここでもんだい！
え……もんだい？
この6畳のへやに畳を6枚しくときどうやってならべる？
畳のならべ方かぁ。おもしろそうだね
畳1枚は正方形を2つくっつけた形で、へやの大きさは畳6枚ぶんでこうなるの
よーし！これで考えてみよう！

もんだい

6枚の畳を長方形のへやにしきつめようと思います。

畳1枚は正方形を2つくっつけた形で、へやの形は下の図のようになっています。このとき、6枚の畳のならべ方は全部で何通りありますか。ただし、回転したり、裏返したりすると同じになるものは、1通りと数えます。

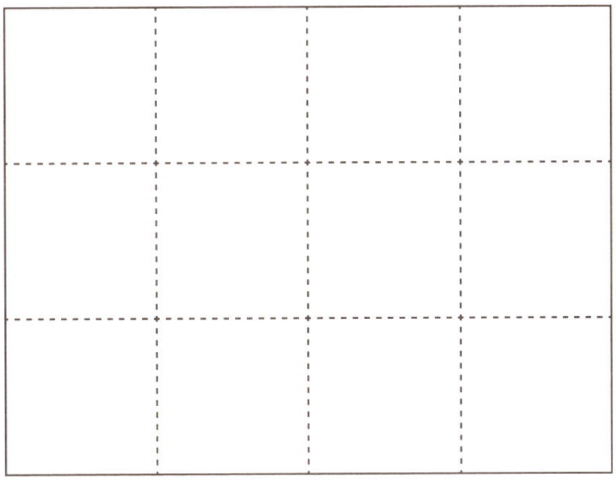

こたえ

こたえとかいせつ

まず、へやを左右半分ずつに分けて考えます。

半分の広さに畳3枚をならべる方法は2通りあります。

Ⓐ

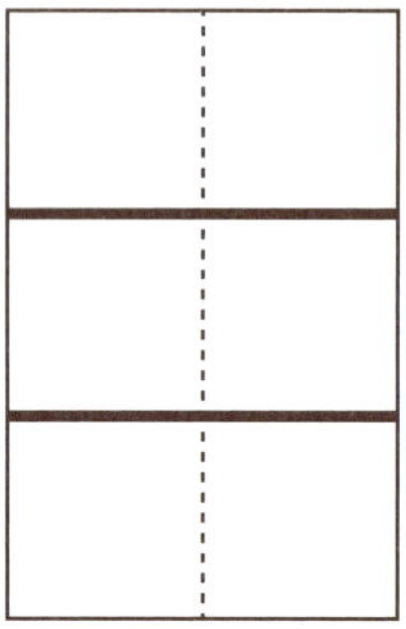

㋑

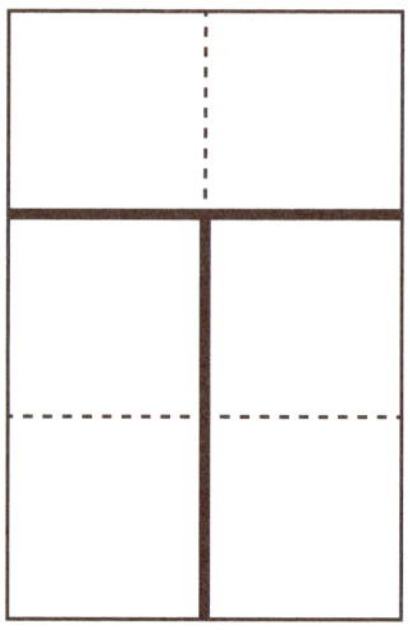

この2通りを使って全体のならべ方を考えます。

Ⓐ と Ⓐ

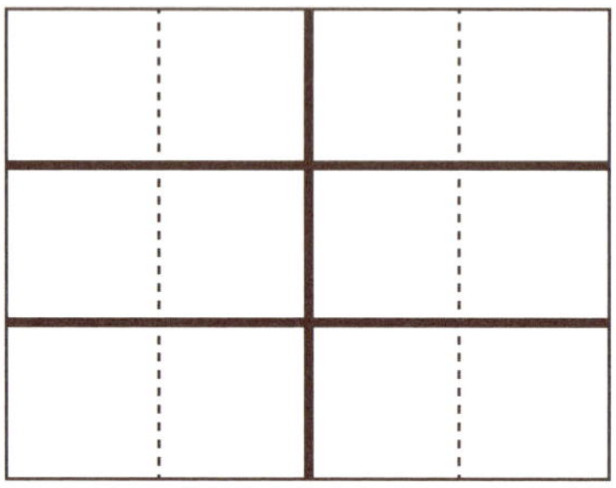

Ⓐ と ㋑

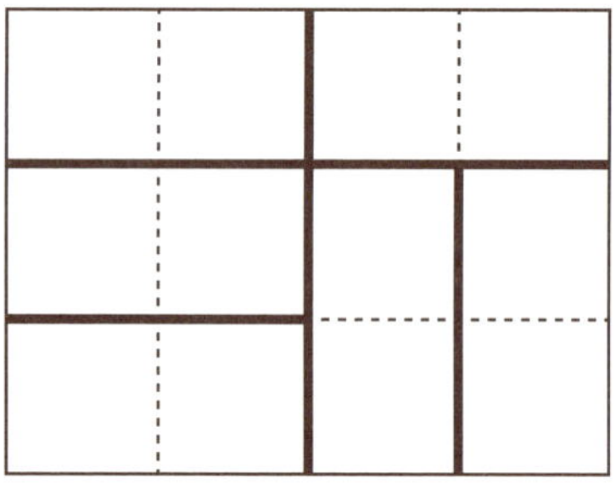

左右半分ずつに分けたときのならべ方は、合わせて4通りです。

㋑ と ㋑

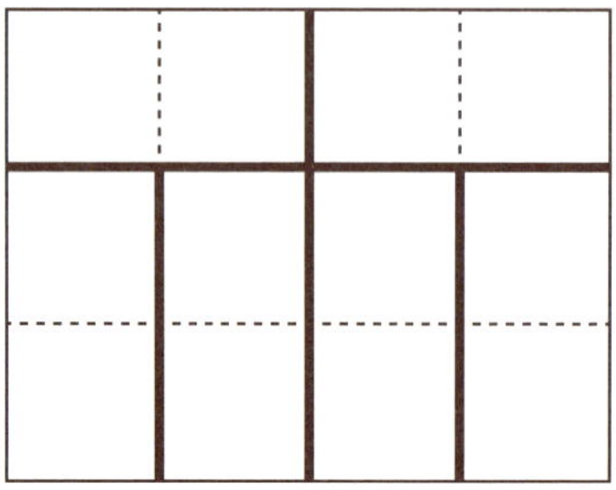

㋑ と ㋑

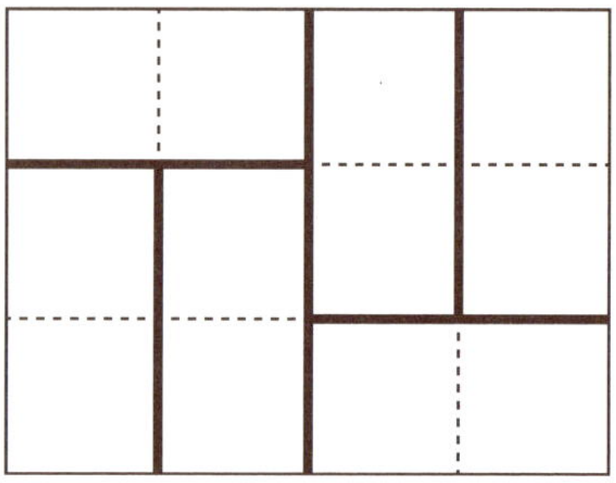

次に、左右半分ずつに分けられない場合を考えると、1通りだけです。

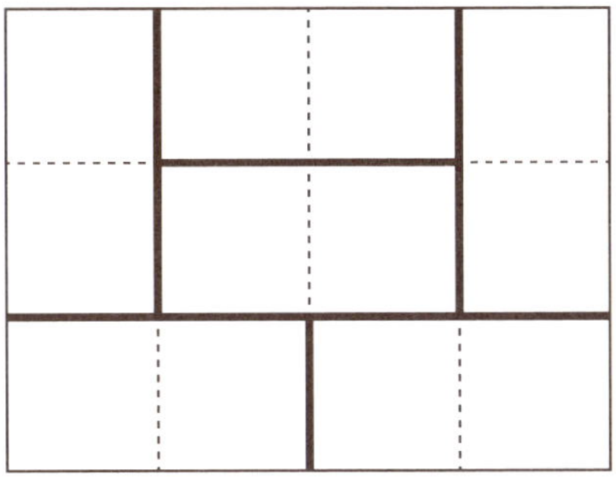

したがって、6枚の畳のならべ方は全部で5通りあります。

こたえ　5通り

保護者の方へ

もんだいの誘導にそって、半分の3枚ずつに分けて考えるのがポイントです。それ以外のしきつめ方はこたえの最後にある1通りだけです。実際の6畳の部屋の畳は、ほとんどがこの最後のしきつめ方です。忘れずに数えることができたでしょうか。

19

べんきょうした日　　月　　日

図形

レベル ★★★

桂馬とびゲーム

桂馬とびでは、となりのますに移動することにも一苦労しますが、逆に、そこがおもしろいところでもあります。

もんだい

図1で、○のますから◎のますまで桂馬とびで進みます。ただし、灰色のますには止まることができません。ここでの「桂馬とび」は将棋のルールとちがい、図2のように●のますから▲のますのどれかにとぶこととします。

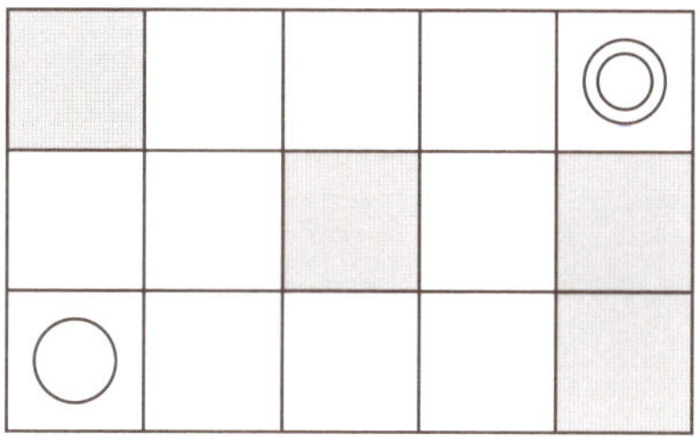
図1

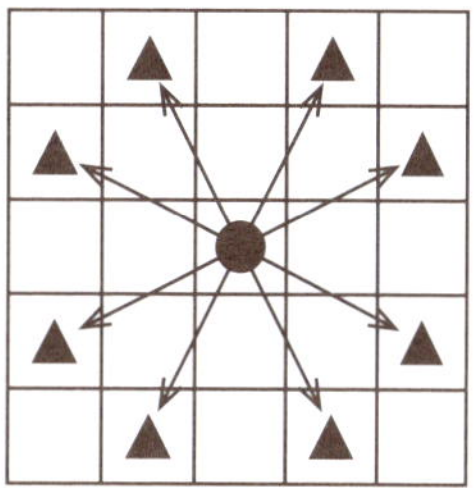
図2

(1)　とぶ回数をできるだけ少なくすると、何回で◎のますまで進むことができますか。

こたえ

(2)　図1の白色の空いている9個のますを1回ずつ通って◎のますまで進もうと思います。どのような順番でとべばよいですか。下のますに1〜9の数を入れましょう。

こたえ

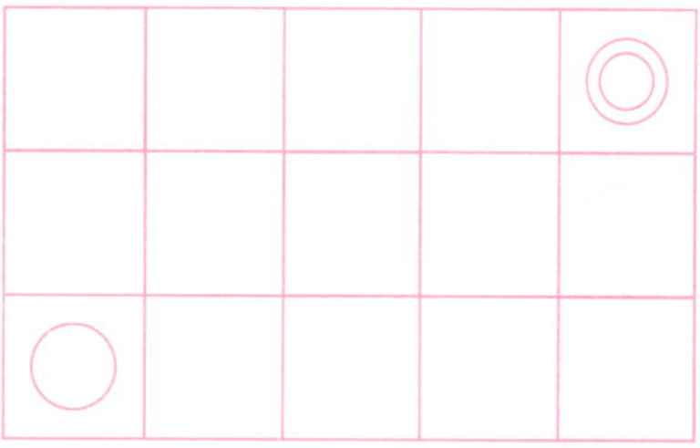

こたえとかいせつ

(1)　1回目にとべるますは1か所だけで、2回目は下の図の㋐か㋑です。また、◎には㋒からしかとべないことに注意します。

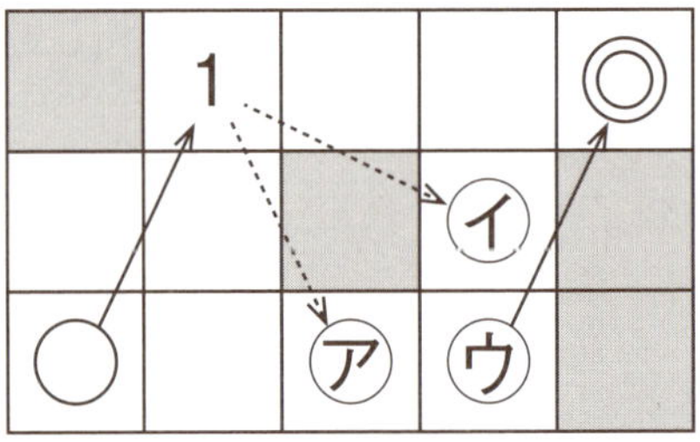

下の図のように㋐→㋒、㋑→㋒まではそれぞれいちばん少ないときで3回で進めるので、○から◎までは6回で進めます。

㋐→㋒

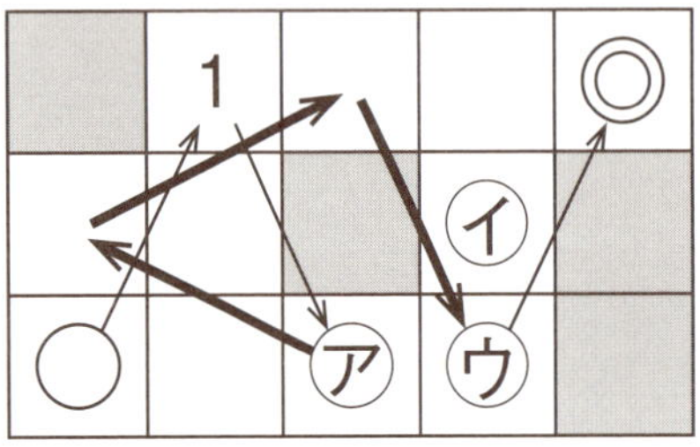

または、

㋐→㋒

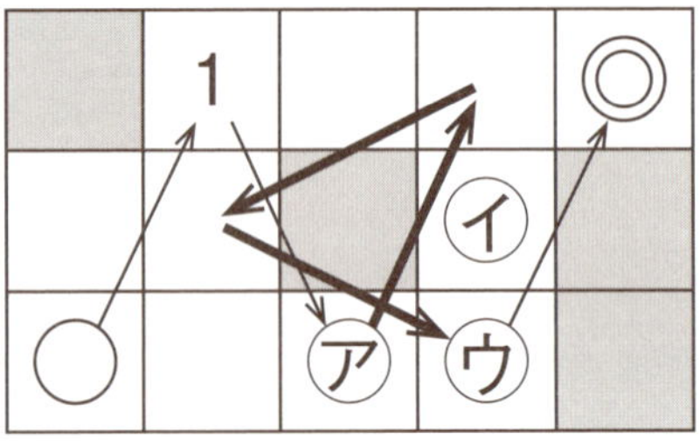

㋑→㋒

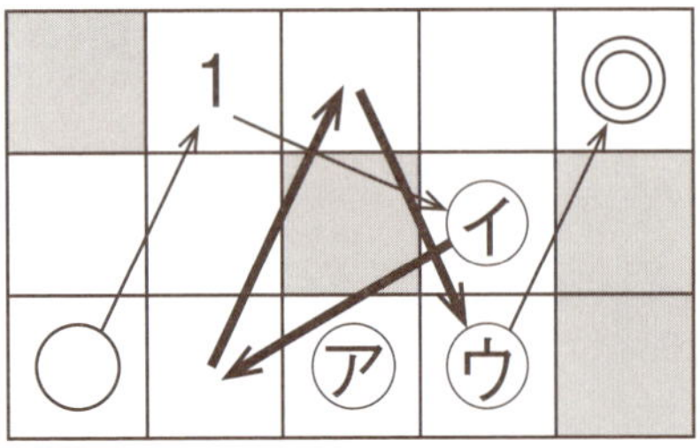

こたえ　6回

（2）　とちゅうで（1）のかいせつにしめした㋒にとんでしまうと、次は◎にとぶしかないので、全部のますを通ることができません。このことに注意して、場合分けしながら、いろいろとためしてみましょう。

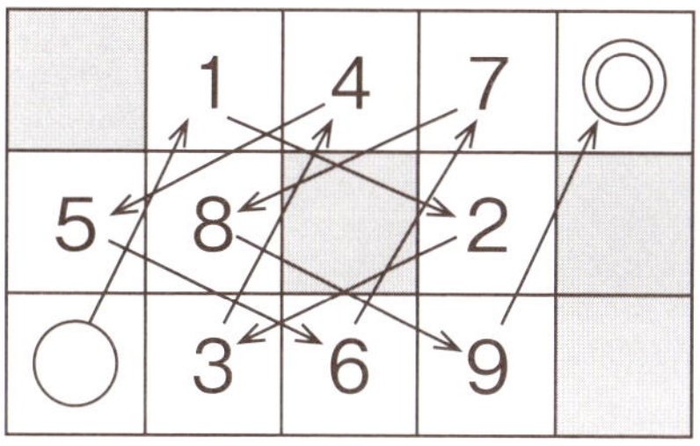

全部のますを通るのは、右の図の進み方だけです。

こたえ　右の図の通り

	1	4	7	◎
5	8		2	
○	3	6	9	

さんこう

（2）は一筆がきの考え方を使って進み方を調べます（もんだい14のかいせつを見ましょう）。下の図のように、まず、とべるところに全部線を入れ、次に○から◎まで一筆がきできるように、線が奇数本引いてある点に着目してあまった2本を消します。

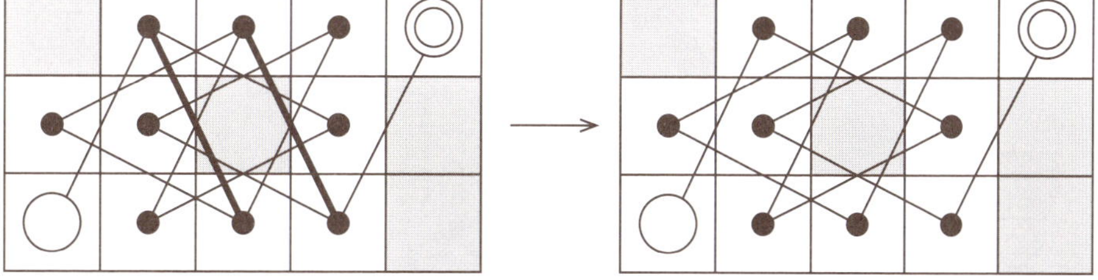

べんきょうした日　　月　　日

20

図形

レベル ★☆☆

まわりの長さは何cm?

ギザギザやデコボコがある形のまわりの長さを求めるもんだいです。長方形のまわりの長さとくらべて考えます。

お母さん、何作ってるの？
ポテトサラダよ～
ブボッ
あらっ、マヨネーズが足りない！
じゃあ、ぼくが買ってくるよ。いつものスーパーでしょ？
そうね。スーパーまでの近道は知ってる？
えっ、近道って？
ここを曲がって、こう行って……
スーパー
家
これが近いと思うよ
ぼくはいつもこう行くよ。こっちのほうが近いと思うけどなぁ
スーパー
家
どっちが近いのかな？

もんだい

まんがの中のむっくんとお母さんの行き方は、どちらも同じ距離です。これは、右の㋐と㋑の太線の長さが等しいことからわかります。この考え方を使って、次の（1）～（3）の図形のまわりの長さを求めましょう。

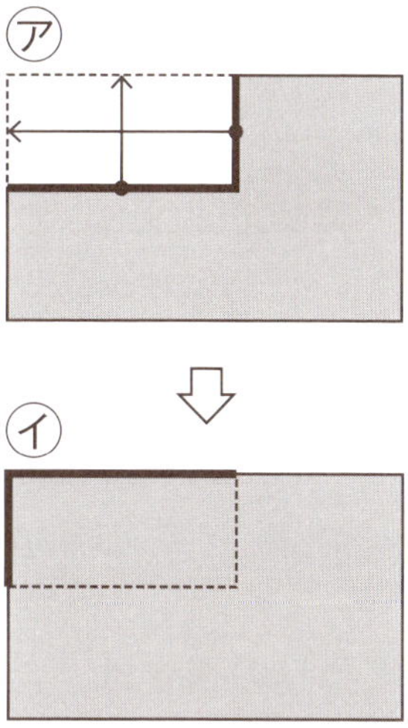

（1）

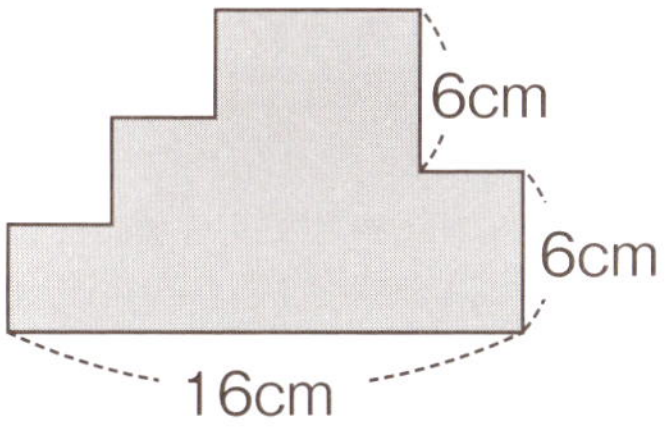

こたえ

（2）

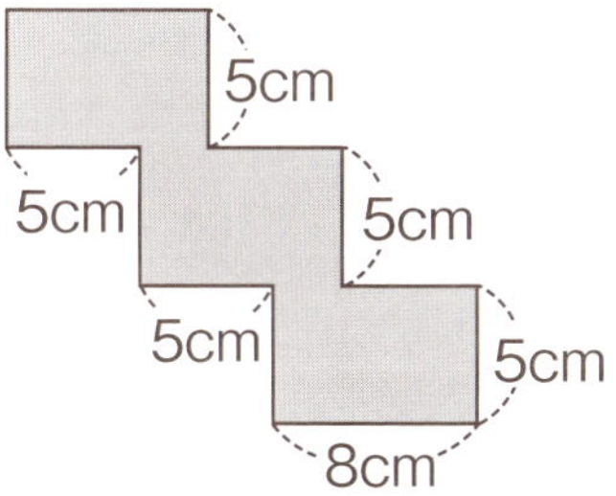

こたえ

（3）

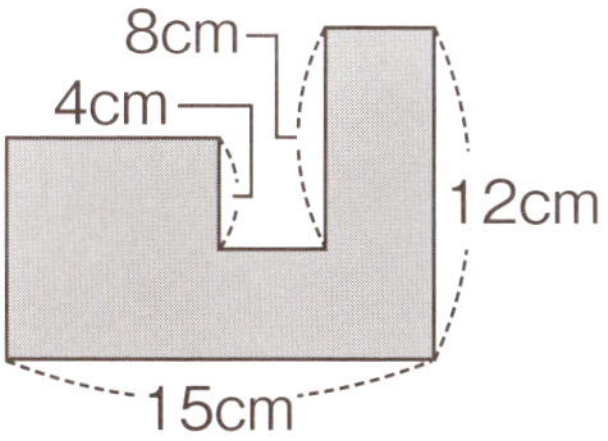

こたえ

こたえとかいせつ

長方形になるように辺を動かします。

(1)

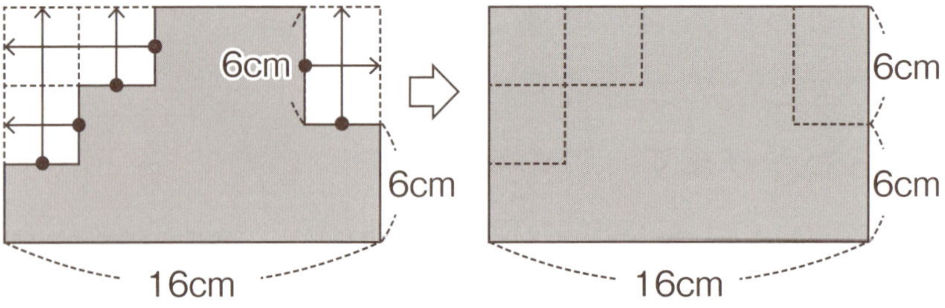

まわりの長さは、たてが6＋6＝12(㎝)、横が16㎝の長方形と同じになります。長方形には、たてと横の辺が2つずつあるので、

(12＋16)×2＝56(㎝)

こたえ　**56㎝**

(2)

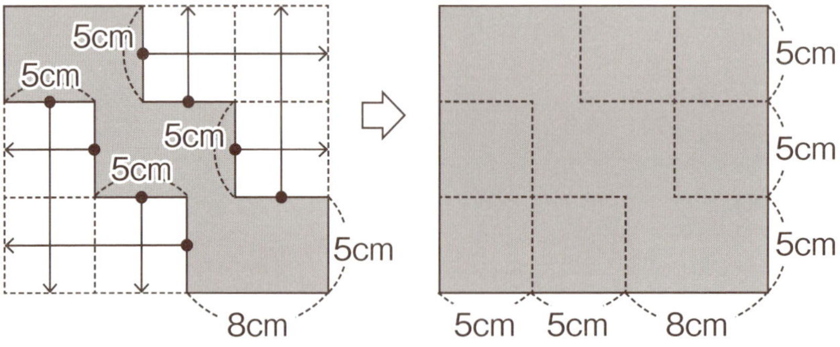

たてが5＋5＋5＝15(㎝)、横が5＋5＋8＝18(㎝)の長方形と同じになるので、

(15＋18)×2＝66(㎝)

こたえ　**66㎝**

(3)

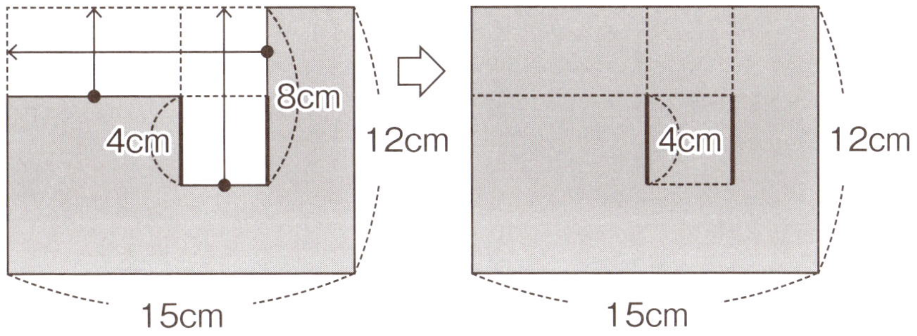

辺を動かしたあとに、4㎝の辺が2つあまるので、

(12＋15)×2＋4＋4＝62(㎝)

こたえ **62㎝**

保護者の方へ

図形の面積が大きいほうが、なんとなくまわりの長さも長いような気がしますが、結局、(1)(2)は長方形のまわりの長さと同じというのがおもしろいところです。(3)は少し意地悪なもんだいです。道順にたとえると、あともどりするような進み方をすると、そのぶんの2倍の長さだけ長くなってしまうということですね。

21

べんきょうした日　　月　　日

図形

レベル ★☆☆

いろいろな二等辺三角形を作ろう！

ぼうを使って二等辺三角形を作ります。ぼうの長さの組み合わせによっては、三角形が作れない場合があることに注意しましょう。

三角形のうち2つの辺の長さが同じものを二等辺三角形といいます
どんなものがありますか？
同じ長さ
家の屋根！
せんたくばさみ！
うちのポチの耳！
そうですね。だいたい二等辺三角形ですね
今日はぼうを使って二等辺三角形を作ってみましょう
ポチの耳はこんな感じかな……？

もんだい

長さが2cm、3cm、4cmのぼうが2本ずつあります。このうちの3本を使って、いろいろな三角形を作ります。

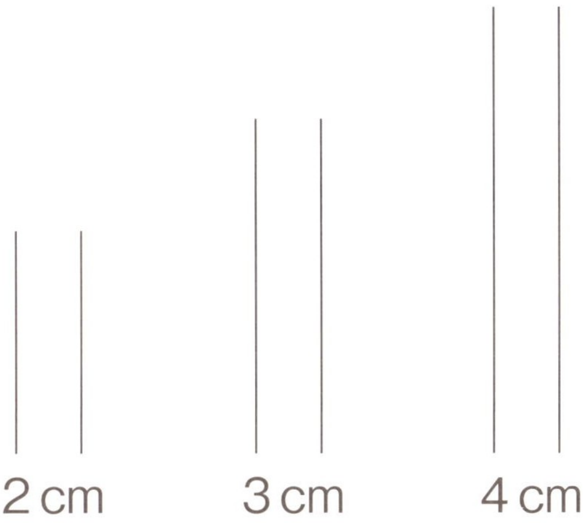

（1） まわりの長さが10cmの二等辺三角形は全部で何通りできますか。

こたえ

（2） 二等辺三角形は、（1）の場合も合わせて全部で何通りできますか。

こたえ

こたえとかいせつ

二等辺三角形を作るには、3本のうち2本を同じ長さのぼうにします。

(1)　長さの合計が10(cm) になるのは、次の2通りあります。

ア (2, 4, 4)　　イ (3, 3, 4)

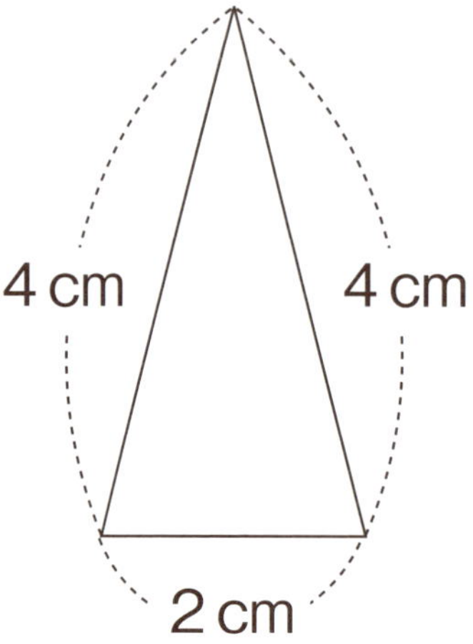

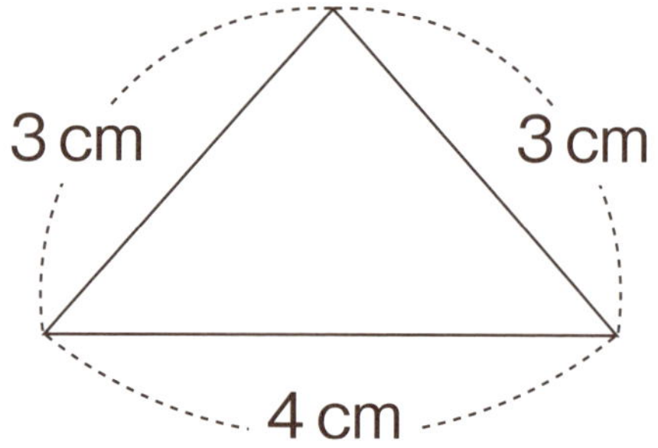

こたえ　**2通り**

（2） 3本のぼうの組み合わせは、（1）以外に次の4通りあります。

ウ（2，2，3）

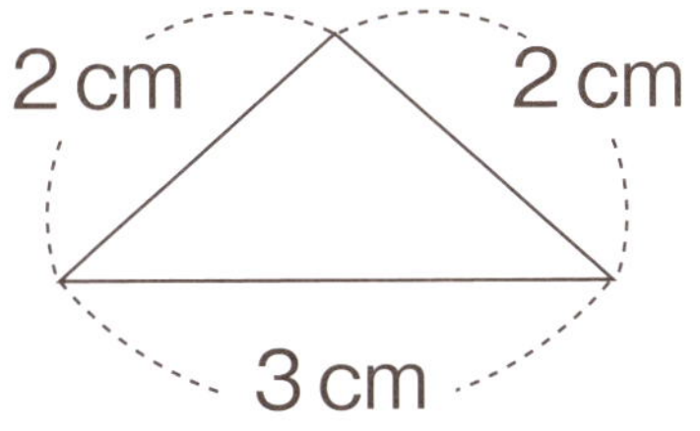

エ（2，3，3）

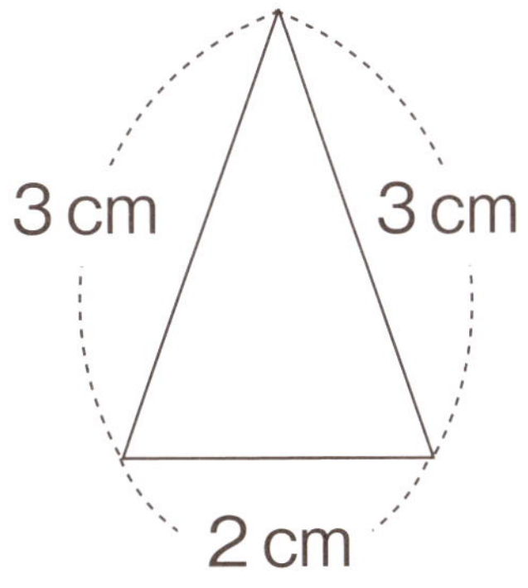

オ（2，2，4）

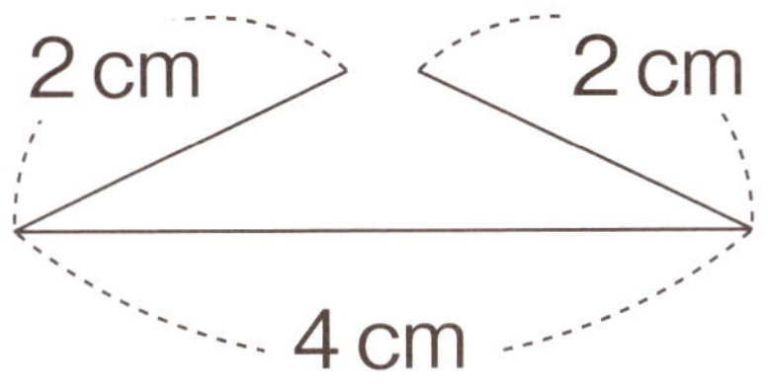

カ（3，4，4）

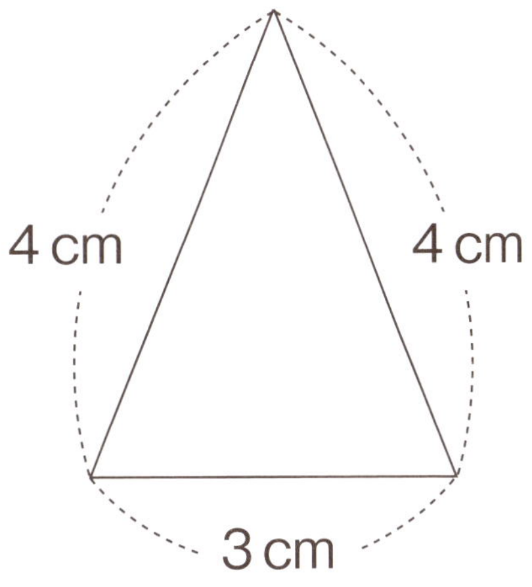

オは三角形を作ろうとしても、できません。したがって、（1）と合わせて全部で5通りです。

こたえ **5通り**

22 2種類のサイコロ

図形 / レベル ★★☆

べんきょうした日　月　日

サイコロの目（1〜6の数字）のならび方はどれも同じわけではありません。そのならび方のちがいを見ぬくもんだいです。

見て見て！サイコロが5個もあったよ〜！

すごろくやゲームについていたものだね

いっくん、1個だけほかのサイコロとならびがちがうんだけど、どれかわかるかい？

えっ？

サイコロって、向かい合う面の数をたすとみんな7になってるんだよね

|1|+|6|= 7
|2|+|5|= 7
|3|+|4|= 7

だからみんな同じだよ

じゃあ1、2、3が見えるようにおいて、くらべてごらん

あっ、本当だ！サイコロってみんな同じならびってわけじゃないんだね！

もんだい

右の図のように、数字のならび方がちがう2種類のサイコロがあります。どちらも向かい合う2つの面の数の和は7になっています。下の①～⑤のうち、4個は㋐と同じサイコロですが、1個だけ㋑と同じです。その1個はどれでしょうか。ただし、サイコロの数字の向きは考えないものとします。

㋐
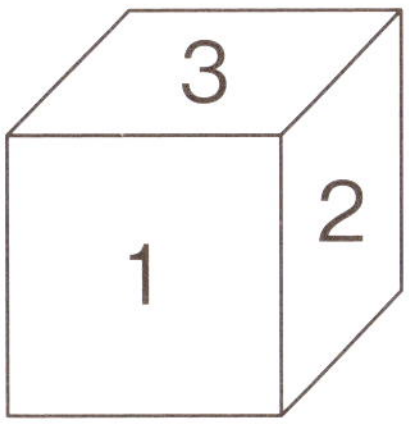

㋑
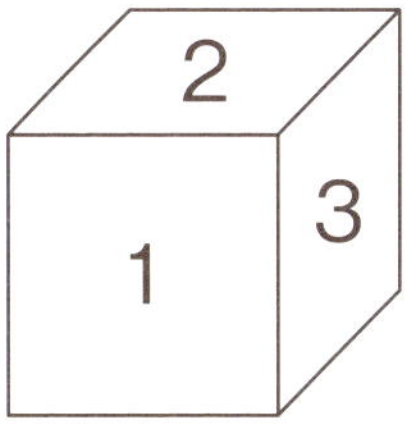

①
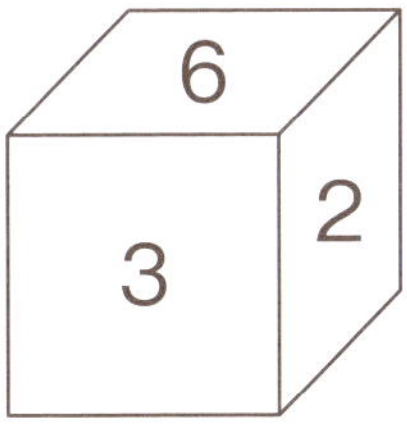

②
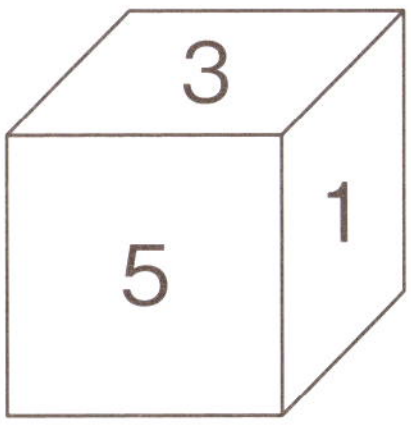

③
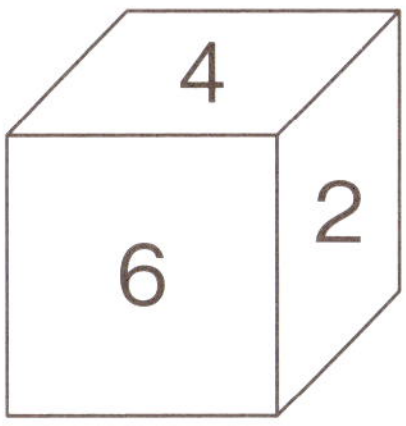

④
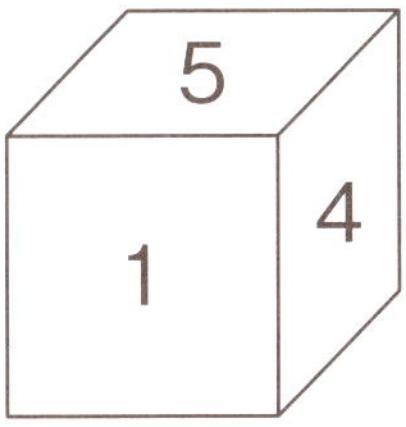

⑤
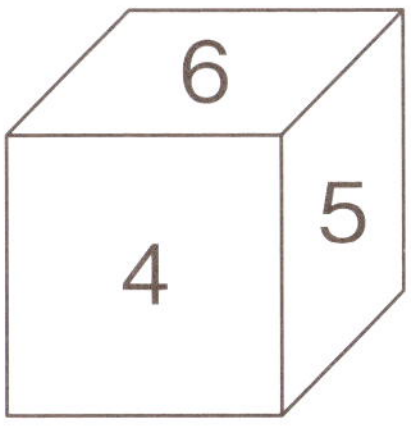

こたえ

こたえとかいせつ

①〜⑤のサイコロを矢印の向きに回転させて、もんだい文中の㋐のように、1、2、3の数字が見えるようにします。

①

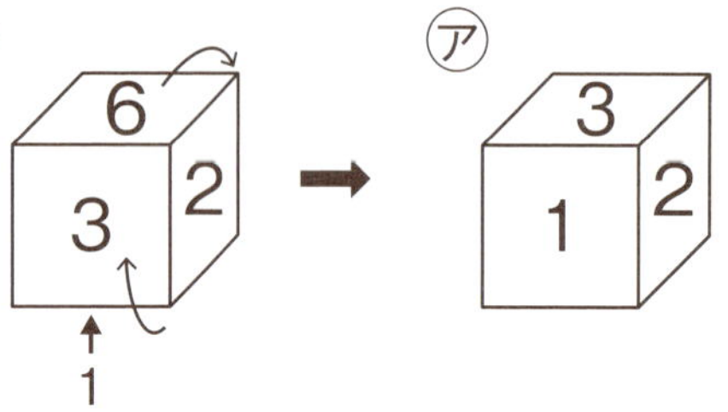

②

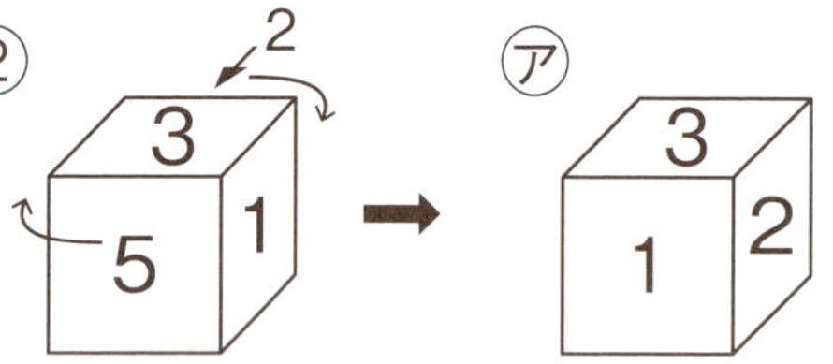

③

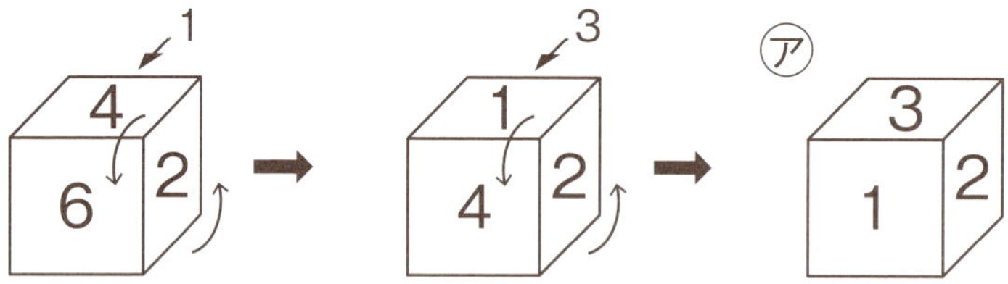

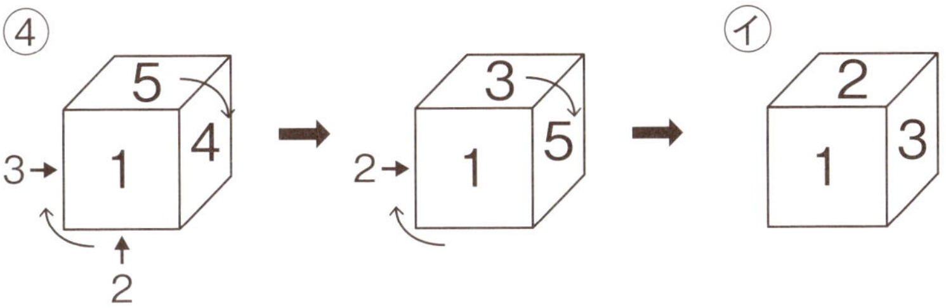

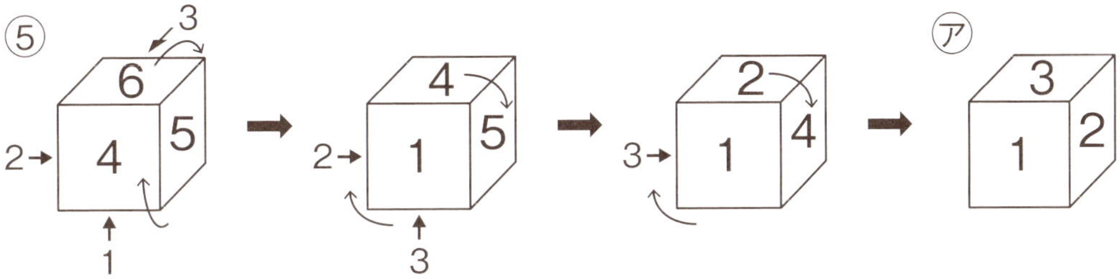

㋑と同じなのは④とわかります。

こたえ　④

保護者の方へ

ふつうは、なかなかかいせつのようには考えられません。向かい合う面の数字の和が7であることをもとに、頭の中でサイコロを見る方向を変えて、数字のならびのちがいを見ぬきたいところです。立体感覚や空間把握の能力をきたえるもんだいです。

23

べんきょうした日　　月　　日

思考・論理

レベル ★★☆

順位当てクイズ

3人ずつで競走したかけっこの順位を当てるもんだいです。1人ひとりがいった内容を、ていねいに整理しながら推理していきます。

ねえ、みんなー
かけっこしようよ
じゃあ
3人ずつな！
男女で
分けようよ
よーい、
ドン!!
よーい、ドン!!
ダーッ
かけっこ
してたの？
順位はどう
だったの？

もんだい

(1)　ふうくん、いっくん、むっくんが3人でかけっこをしました。むっくんといっくんは、次のようにいっています。3人の順位を当てましょう。

むっくん「残念だけど、ぼくは1位じゃなかったよ」
いっくん「もうちょっとで、むっくんをぬけたのに。くやしい！」

こたえ

ふうくん…　　いっくん…　　むっくん…

(2)　ひなちゃん、みくちゃん、ようちゃんが3人でかけっこをしました。3人は次のように予想していましたが、1人だけ予想が外れました。3人の順位を当てましょう。

ひなちゃん「1位は私じゃない」
みくちゃん「私は3位にはならないよ」
ようちゃん「1位はきっとみくちゃんね」

こたえ

ひなちゃん…　　みくちゃん…　　ようちゃん…

こたえとかいせつ

(1)　むっくん「残念だけど、ぼくは1位じゃなかったよ」
　　→むっくんは2位か3位です。
　いっくん「もうちょっとで、むっくんをぬけたのに。くやしい！」
　　→むっくんはいっくんに勝ったので、3位ではありません。

したがって、むっくんは2位、いっくんは3位で、ふうくんは1位とわかります。

こたえ　**ふうくん…1位**
いっくん…3位
むっくん…2位

(2)　ひなちゃんから順に考えていきます。

【1】まず、ひなちゃんが外れたとすると、

ひなちゃん「1位は私じゃない」×
　→1位はひなちゃん
ようちゃん「1位はきっとみくちゃんね」○
　→1位はみくちゃん

1位が2人いることになるので、あてはまりません。

【2】次に、みくちゃんの予想が外れたとすると、

みくちゃん「私は3位にはならないよ」×
→3位はみくちゃん
ようちゃん「1位はきっとみくちゃんね」○
→1位はみくちゃん

1位と3位がどちらもみくちゃんになってしまうので、これもあてはまりません。

【3】したがって、予想が外れたのはようちゃんです。

みくちゃん「私は3位にはならないよ」○
→みくちゃんは1位か2位
ようちゃん「1位はきっとみくちゃんね」×
→みくちゃんは1位ではないので、みくちゃんは2位です。
ひなちゃん「1位は私じゃない」○
→ひなちゃんは2位か3位

2位はみくちゃんなので、ひなちゃんは3位で、ようちゃんは1位です。

こたえ **ひなちゃん…3位**
みくちゃん…2位
ようちゃん…1位

24

べんきょうした日　　月　　日

思考・論理

レベル ★☆☆

ハチの巣もようをぬり分ける

きれいなハチの巣もようを3色でぬり分けます。何か所かの色を決めるだけで、残り全部の色が決まるのがおもしろいところです。

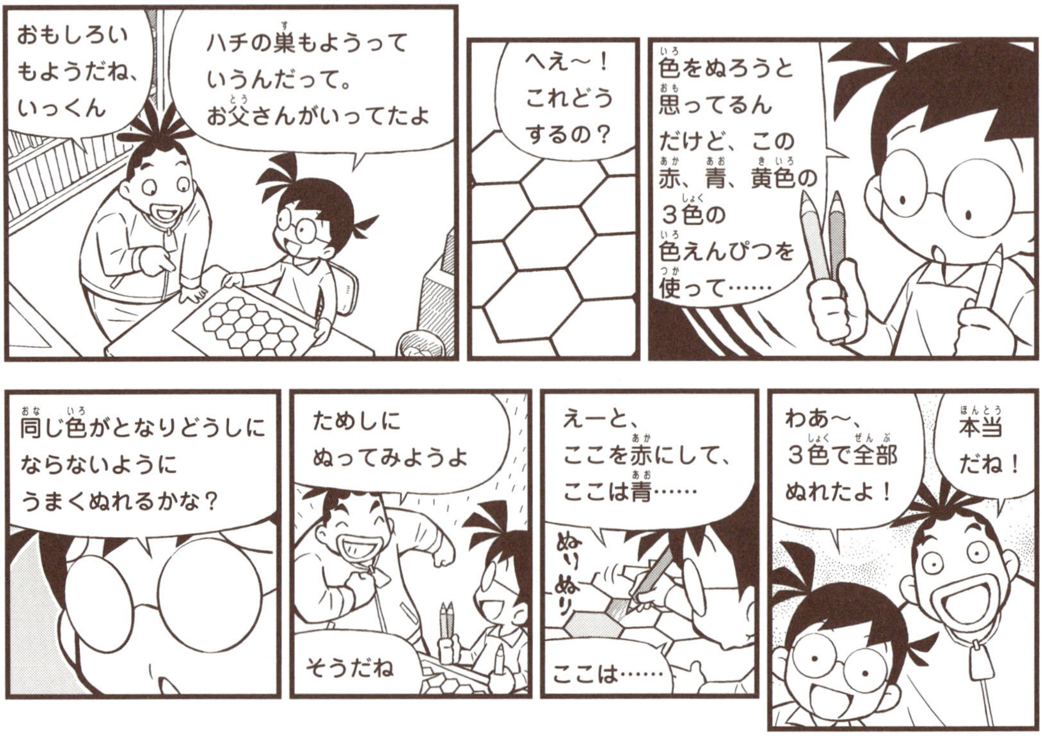

おもしろいもようだね、いっくん
ハチの巣もようっていうんだって。お父さんがいってたよ
へえ～！これどうするの？
色をぬろうと思ってるんだけど、この赤、青、黄色の3色の色えんぴつを使って……
同じ色がとなりどうしにならないようにうまくぬれるかな？
ためしにぬってみようよ
そうだね
えーと、ここを赤にして、ここは青……
ぬりぬり
ここは……
わあ～、3色で全部ぬれたよ！
本当だね！

もんだい

下の図のようなハチの巣形のもようがあります。このもよう全体を赤、青、黄色の3色でぬり分けようと思います。

ただし、となり合うところに同じ色をぬることはできません。

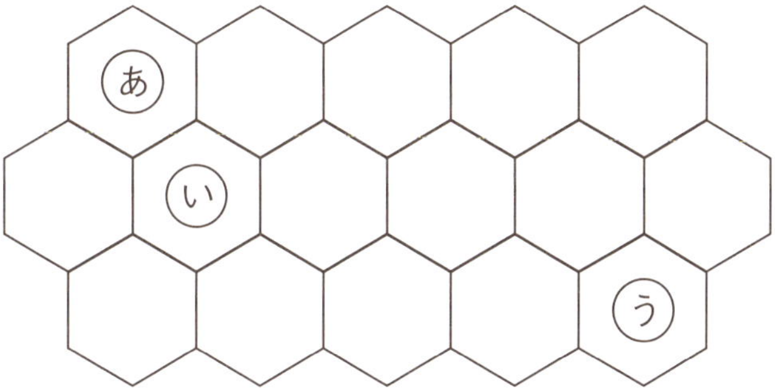

(1)　㋐を赤、㋑を黄色でぬると、㋒は何色になりますか。

こたえ

(2)　㋐を青でぬりました。㋒を黄色でぬるためには、㋑を何色でぬればよいですか。

こたえ

こたえとかいせつ

(1)　となり合うところが同じ色にならないように注意しながら、左のほうから順にぬっていきます。

㋐が赤、㋑が黄色なので、
㋓と㋔は青→㋕と㋖は赤→㋗は青→……

と決まっていき、もようを全部ぬると、
次の図のようになります。

ぬる色が
どんどん
決まるね！

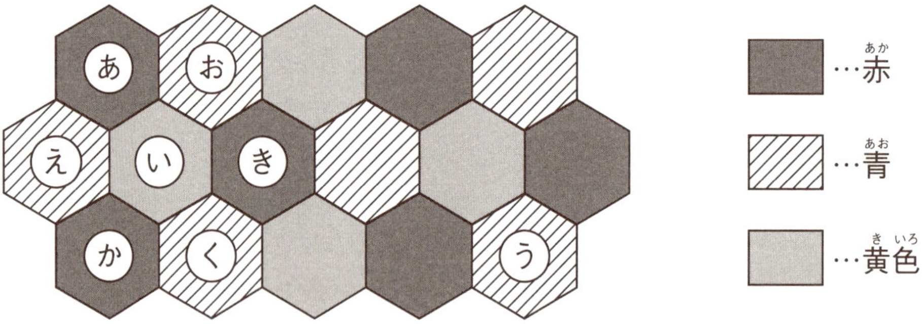

こたえ　**青**

(2)　(1)から、㋒は㋓と同じ色になることがわかります。
　したがって、㋒を黄色でぬるためには、㋓を黄色でぬればよいことになります。
　つまり、㋐が青、㋓が黄色なので、㋑は赤になります。

こたえ　**赤**

さんこう

図形を大きく（六角形の数を多く）すると、3つの色が規則的にならぶことがよくわかります。下の図を3色でぬり分けてたしかめてみましょう。

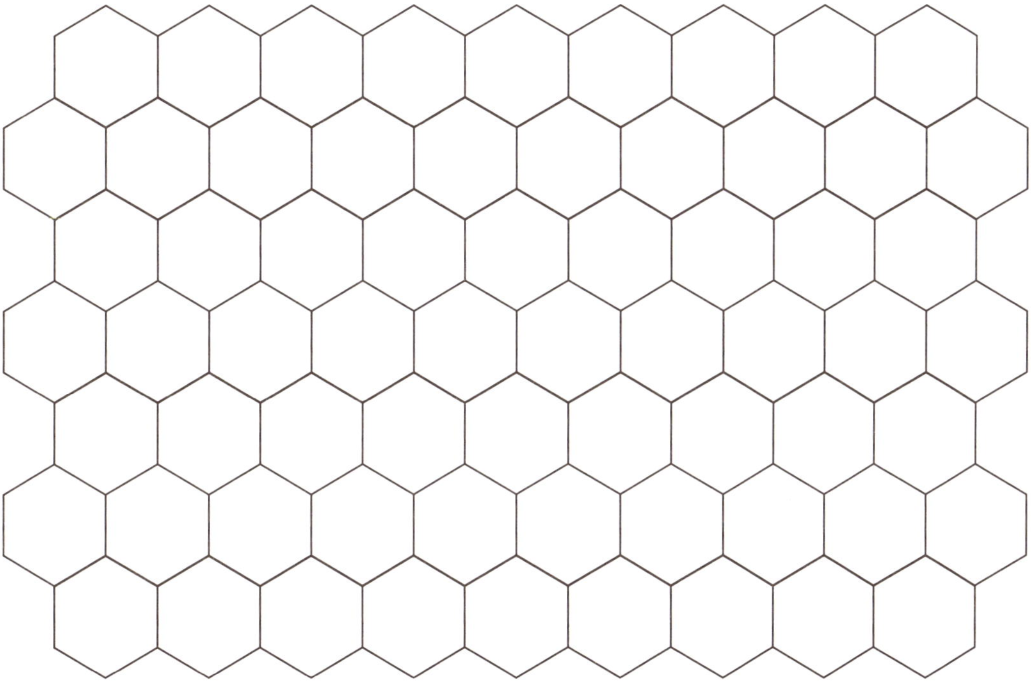

保護者の方へ

（1）（2）とも，実際に色をぬってみると、こたえはすぐに見つかります。そのうえで、同じ色が決まった位置に規則的にならぶことまで発見できればすばらしいことです。

25

べんきょうした日　　月　　日

思考・論理

レベル ★☆☆

迷路でスタンプラリー

全部のへやを１回ずつ通って出口まで進みます。入り口によってできたりできなかったりしますが、一目で見分ける方法があります。

ねぇ、スタンプラリーだって！
迷路でスタンプラリー
おもしろそうだね
やろうやろう！
何かルールが書いてあるよ！
すべてのへやを１回ずつ通ります。同じへやを２回通ってはいけません
ルールはわかったわ
まずは、私から！
えーと、次はどっちに行こうかな？
こっちのへやはさっき入ったからもう行けないし……

もんだい

遊園地の迷路には、小さく分けられた16のへやがあります。それぞれのへやには、下の図のように ◯ か △ のテーブルがおいてあり、その上にスタンプが1個ずつあります。すべてのへやを1回だけ通って全部のスタンプをおそうと思います。ひなちゃん、ふうくん、みくちゃん、いっくんの4人が、それぞれ図の入り口からスタートしてスタンプラリーに挑戦しましたが、スタンプを全部おして出口から出られたのは1人だけでした。それはだれでしょう。

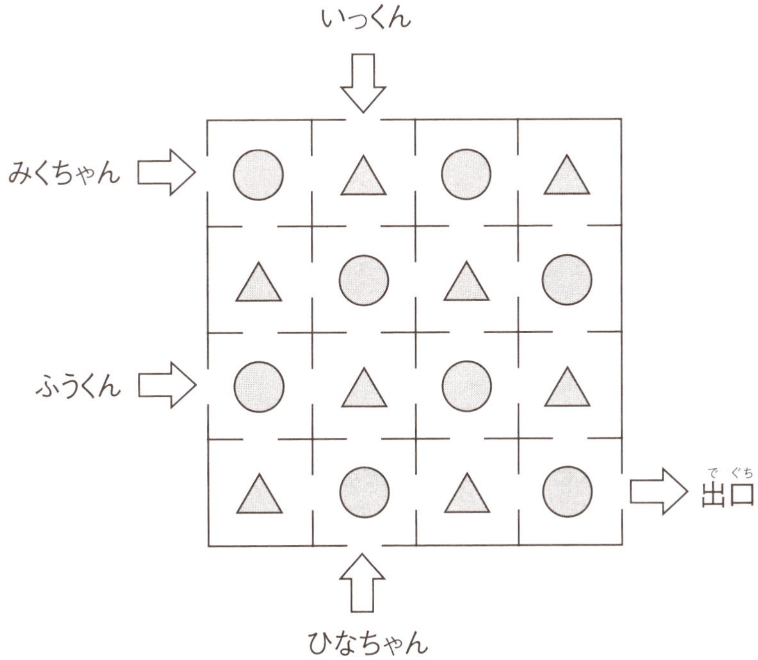

こたえ

こたえとかいせつ

○と△のテーブルは同じ個数（どちらも8個）で、○と○、または△と△がとなり合わないようにおかれています。

○のへやからスタートすると、

1　　　　2　　　　　　　　8
○→△→○→△→　……　→○→△
　　1　　　　2　　　　　　　8

全部のへやを1回ずつ通ると最後の16番目のへやは△のへやになります。

△のへやからスタートすると、

1　　　　2　　　　　　　　8
△→○→△→○→　……　→△→○
　　1　　　　2　　　　　　　8

全部のへやを1回ずつ通ると最後の16番目のへやは○のへやになります。

ここで、出口のあるへやは ○ なので、スタートは △ のへやでなければなりません。

したがって、全部のへやを1回ずつ通ってスタンプをおすのに成功したのは、△ からスタートしたいっくんとわかります。

いっくんの通り方の〈例〉（ほかの通り方もあります）

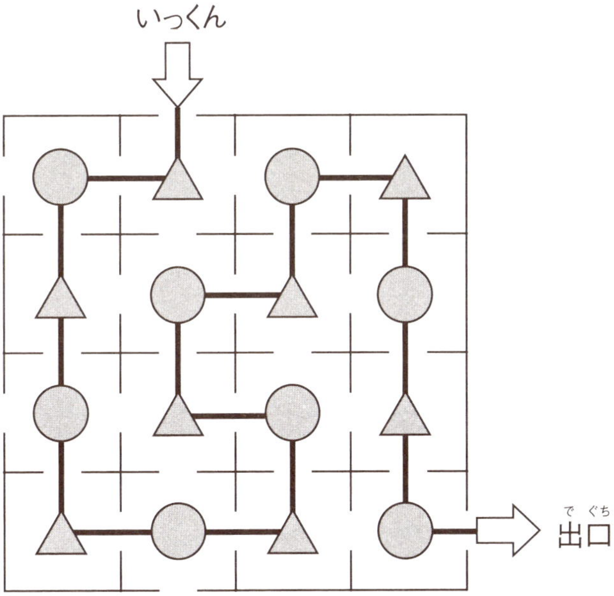

こたえ　いっくん

べんきょうした日　　月　　日

思考・論理　レベル ★★☆

26 5dLますと3dLますで1dLをはかる

「5d L」、「3d L」と、かさがきまっているますですが、2つのますをうまく工夫して使うといろんなかさがはかれます。

あれ、ないなあ……おかしいな
先生、何をさがしてるの？
たしか1 dLますがあったんだけど、見あたらないんだ
5dLますと3dLますならあるけど、だめ？
2つとも目盛りがついてないから、5dLと3dL以外ははかれないよ
でも、こうやって水をうつせば2dLがはかれるよ
ジャー…
お、ようちゃん、いいところに気づいたね！
うまく工夫すれば、1dLもはかれるかも！
そうだね。いっしょに考えよう！

もんだい

右の㋐5dLと㋑3dLの2つの容器を使って、いろいろな量の水をはかり取る方法を考えます。容器の使い方は、下の①～⑥のいずれかです。たとえば、①→③とすると、㋐に2dLの水が残ります。

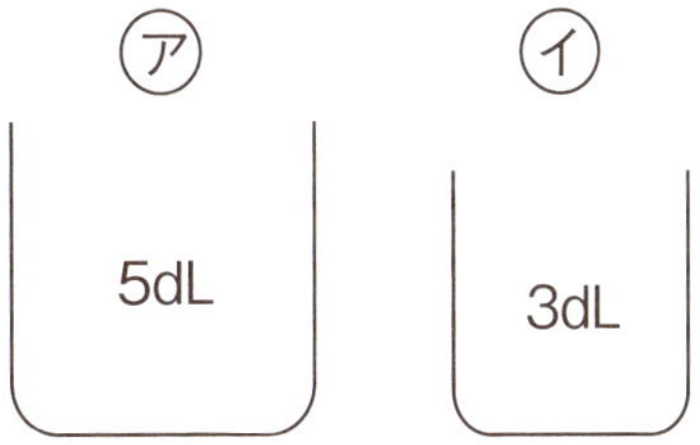

① ㋐にいっぱいに水を入れる
② ㋑にいっぱいに水を入れる
③ ㋐の水を㋑に入るだけうつす
④ ㋑の水を㋐に入るだけうつす
⑤ ㋐の水をすてる
⑥ ㋑の水をすてる

4dLをはかり取る方法と、1dLをはかり取る方法を、それぞれ上の①～⑥の番号を使ってこたえましょう。ただし、できるだけ少ない回数ではかり取るものとします。

こたえ

4dL…

1dL…

こたえとかいせつ

どちらの量も、はじめに水を㋐と㋑のどちらに入れるかで、方法がちがってきます。

・はじめに㋐に入れるとき

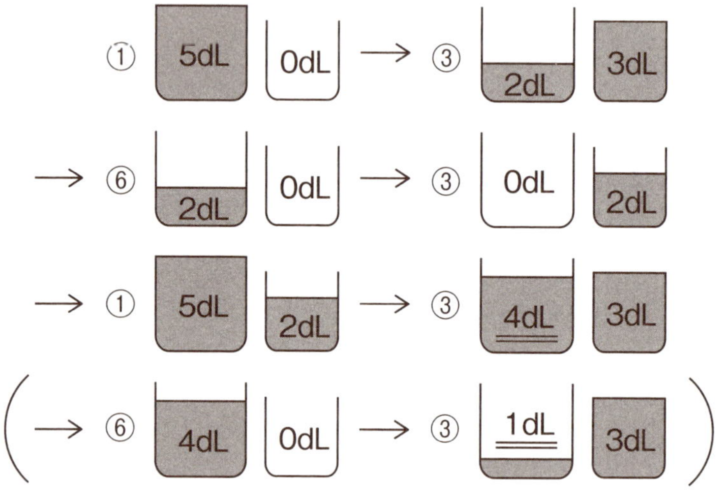

① 5dL 0dL → ③ 2dL 3dL
→ ⑥ 2dL 0dL → ③ 0dL 2dL
→ ① 5dL 2dL → ③ 4dL 3dL
→ ⑥ 4dL 0dL → ③ 1dL 3dL

・はじめに㋑に入れるとき

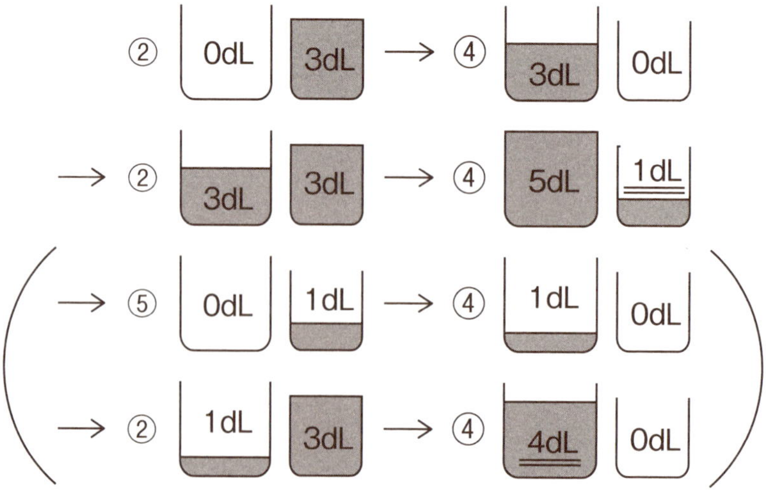

② 0dL 3dL → ④ 3dL 0dL
→ ② 3dL 3dL → ④ 5dL 1dL
→ ⑤ 0dL 1dL → ④ 1dL 0dL
→ ② 1dL 3dL → ④ 4dL 0dL

これらのうち回数の少ないものをこたえます。

こたえ　4dL…①→③→⑥→③→①→③

1dL…②→④→②→④

保護者の方へ

一見すると難問のようですが、特別な工夫は必要ありません。同じ操作のくり返しにならないように気をつければ、必ず目的の量にたどり着きます。きまった量のますで別の量がはかれてしまうおもしろさを感じてくれるとよいと思います。

27

べんきょうした日　　月　　日

思考・論理

レベル ★☆☆

おつりの枚数を少なくするはらい方は?

買い物の代金をはらうとき、おつりのコインの枚数ができるだけ少なくなるはらい方を考えます。日ごろの買い物に応用できます。

今日は暑いから、おやつはアイスがいいな
そうね、みくちゃん。そうしましょ
アイス全品セール!!
アイス イチゴ
アイス バニラ
代金は412円です
じゃあ、500円と……あと12円出しますね
お母さん、500円だけじゃだめなの？
それでもいいんだけど……
100円のお返しになります
そうか、おつりがちょうど100円になるようにしたのね
こうすれば、お店の人もかんたんだし、さいふの中もコインの枚数がふえずにすっきりするでしょ
今度は私もやってみようっと

もんだい

いま、みくちゃんのさいふには下の図のように、合計で844円のコインが入っています。買い物の代金をはらうとき、おつりのコインの枚数ができるだけ少なくなるようにお金を出すことにしました。代金が次の①～③のとき、それぞれいくら出せばよいですか。

500
100
100
100
10
10
10
10
1
1
1
1

① 431円　② 263円　③ 457円

こたえ

①…

②…

③…

こたえとかいせつ

① 431円のうち、31円は持っているコインではらえます。100円玉は3枚しかないので、残りの400円ぶんは500円玉ではらいます。

したがって、合わせて531円出すとおつりは
531 − 431 = 100(円) →100円玉が1枚です。

こたえ **531円**

② 263円のうち、3円は持っているコインではらえます。このとき、残りの260円は100円玉3枚ではらえますが、このままではおつりが
300 − 260 = 40(円) →10円玉が4枚になってしまいます。このおつりは、あと10円多ければ50円玉1枚になります。

したがって、合わせて313円出すとおつりは
313 − 263 = 50(円) →50円玉が1枚です。

こたえ **313円**

③　ちょうどの金額をはらうには、100円玉、10円玉、1円玉のどのコインも足りないので、ここでは、考える順番を少しかえて、500円玉1枚を出したときのおつりから考えてみましょう。このとき、
500 − 457 = 43（円）です。このおつりは、あと12円多ければ、
43 + 12 = 55（円）になります。

したがって、合わせて512円出すとおつりは
512 − 457 = 55（円）→50円玉と5円玉がそれぞれ1枚ずつです。

こたえ　**512円**

保護者の方へ

支はらう金額を50円や100円きざみで考えて、その金額の端数を余分に出せば、おつりの枚数は少なくなります。ところが、③の「457円」では端数の7円がサイフの中にないので、あきらめて500円玉1枚ではらいたくなる金額です。このときのおつりの43円をもとにして「あと何円たせばコインの枚数がへる？」というヒントをあげてもよいかもしれません。

28

べんきょうした日　　月　　日

思考・論理

レベル ★★☆

4色チューリップのならべ方

4色のチューリップの球根を、同じ色がたてにも横にもならばないように植えます。きれいに花がさいたときが楽しみですね。

それ、チューリップの球根？
そうよ。友だちが分けてくれたの
いろんな色があるね。みんなさいたらきれいだろうなぁ
赤、白、黄、緑の４色が４個ずつあるよ
花だんの空いている場所に、たて、横４個ずつにすれば、ちょうど16個植えられそうよ
花の色をバランスよく植えたいね
じゃあ、まずならべ方を考えたほうがいいかも
これにチューリップの色を書いてみましょう
どんなならべ方がいいかなぁ？
う〜ん…

もんだい

赤、白、黄、緑の4色のチューリップの球根が4個ずつあり、たて、横4列で花だんに植えることにしました。このとき、たて、横、ななめのどの列も、4色が1個ずつになるように植えようと思います。

(1)　図1のとき、に色をかきこみましょう。

こたえ

図1

赤		黄	
黄	緑		
	黄		赤
白		緑	

(2)　①　図2のとき、?は何色でしょうか。

こたえ

図2

	赤		
	?		黄
		緑	

②　図2の残りのに色をかきこみましょう。

こたえ

こたえとかいせつ

（1）　4個のうちの3個の色がわかっている列は、残りの1個の色がわかります。

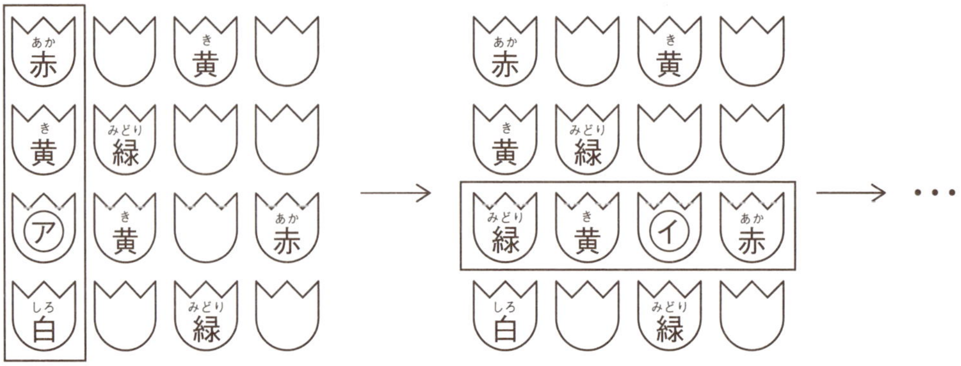

ア＝緑　　　イ＝白

同じように順に色を書いていくと、下の図のようになります。

こたえ

赤　白　黄　緑
黄　緑　赤　白
緑　黄　白　赤
白　赤　緑　黄

上の図の通り

(2) ① ⓘは、たて、横、ななめの3つの列に入っています。3つの列に、赤、黄、緑があるので、ⓘは白とわかります。

② 同じ見方で次々と色を決めていくと、下の図のようになります。

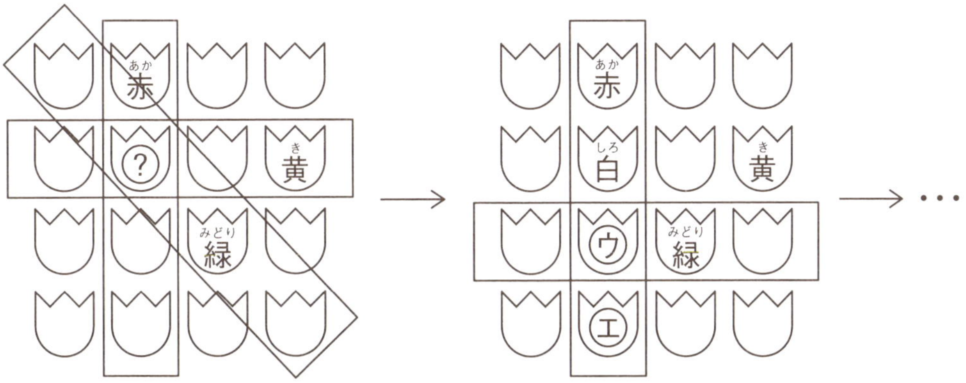

?＝白　　ウ＝黄、エ＝緑

こたえ ①白

②

黄 赤 白 緑
緑 白 赤 黄
赤 黄 緑 白
白 緑 黄 赤

上の図の通り

29 数当てマジック

レベル ★★★
思考・論理

裏にしたカードの色を見て、表の数字を当てるマジックです。マジックのタネがわかれば、あなたもマジシャンの仲間入りです。

コマ1: きのう、お父さんから手品を教えてもらったんだ。見たい？ / 見たい、見たい！ / どんな手品？

コマ2: まず、白と灰色のカードをそれぞれ配るよ / ぼくは白 / ぼくは灰色だ

コマ3: 数字が書いてあるよ。1から5まで1枚ずつだね / ぼくのカードも同じだ

コマ4: じゃあ始めるよ。ぼくに見えないように、カードをどれでも1枚、2人でこうかんして

コマ5: 次に、カードを数字の小さい順に左からならべて、裏返しにしてね！同じ数字は白いカードを左にしてね

コマ6: できたよ！

コマ7: 2人がこうかんしたカードの数字を当てるよ！ / これだけでわかるの？

もんだい

1～5の数字が書かれた白と灰色のカードが5枚ずつあり、ふうくんが白、むっくんが灰色です。2人は何枚かのカードをこうかんし、数字が見えないように裏返してテーブルにおきます。このとき、カードは左から数字が小さい順に、また、同じ数字のカードがあるときは、左から白、灰色の順にならべます。

下の（1）、（2）のとき、それぞれ2人がこうかんしたカードの数字を当てましょう。

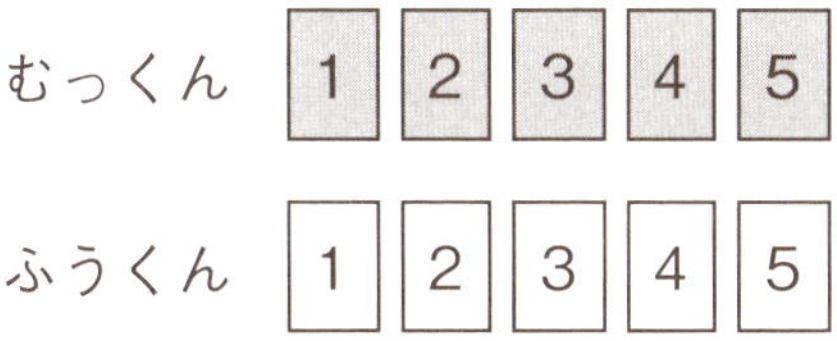
むっくん
1 2 3 4 5
ふうくん
1 2 3 4 5

（1）　1枚ずつこうかんしました。

こたえ

（2）　2枚ずつこうかんしました。

こたえ

こたえとかいせつ

(1) むっくんとふうくんのカードを、ア～コで示します。

むっくん	ア	イ	ウ	エ	オ
ふうくん	カ	キ	ク	ケ	コ

キはクケコより小さいので、1か2です。
それぞれの場合で、灰色のカードから数を決めていきます。

・キ＝1のとき

2	3	ウ	4	5	→	2	3	4	4	5
カ	1	ク	ケ	コ		1	1	2	3	5

・キ＝2のとき

1	3	ウ	4	5	→	1	3	4	4	5
カ	2	ク	ケ	コ		1	2	3	4	5

キ＝2の場合、4が2枚あることになり、条件に合いません。
よってキ＝1の場合が正解　です。

こたえ　1と4

(2) むっくんとふうくんのカードを、サ〜トで示します。

むっくん	サ	シ	ス	セ	ソ
ふうくん	タ	チ	ツ	テ	ト

チツはテトより小さいので、12、13、23のどれかです。
(1) と同じように、順に当てはめて調べます。

・チツ＝12のとき

サ	3	4	セ	5	→	2	3	4	5	5
タ	1	2	テ	ト		1	1	2	3	4

・チツ＝13のとき

サ	2	4	セ	5	→	2	2	4	5	5
タ	1	3	テ	ト		1	1	3	4	5

・チツ＝23のとき

サ	1	4	セ	5	→	1	1	4	5	5
タ	2	3	テ	ト		2	2	3	4	5

チツ＝13、23の場合、5が2枚あることになり、条件に合いません。
よってチツ＝12の場合が正解です。

こたえ　12と25

30

べんきょうした日　　月　　日

思考・論理

レベル ★★★

2つの砂時計ではかれる時間は?

砂時計ではかれる時間はきまっていますが、2種類の砂時計を組み合わせるといろいろな時間がはかれるようになります。

ただいま！ きれいな砂時計があったから買ってきたよ
ありがとう。3分計と5分計ね
これじゃあ、3分と5分しかはかれないよね
そうね。6分や8分をはかりたいときはどうすればいいかしら？
6分なら、3分計を2回使えばはかれるよ
+ = 6分
3分 3分
そうか！ じゃあ3分計と5分計を1回ずつ使えば、8分もはかれるね
+ = 8分
3分 5分
くふうすれば、ほかにもはかれるかしら？
いろいろ考えてみようよ！

もんだい

3分計と5分計の砂時計があります。2つの砂時計をくり返し使ったり、同時に使ったりして、いろいろな時間をはかります。1分から15分までで、この2つの砂時計ではかれる時間は何通りあるでしょうか。

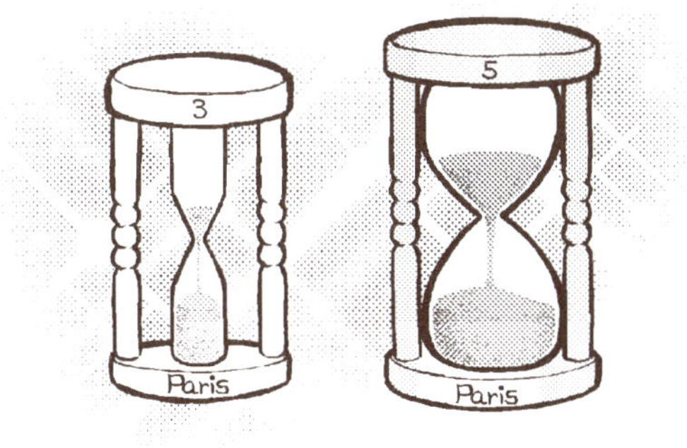

こたえ

こたえとかいせつ

砂時計の使い方を次の①～③に分けます

①　1つの砂時計だけを何回か使う

・3分計 … 3分、6分、9分、12分、15分
・5分計 … 5分、10分、15分

②　2つの砂時計を組み合わせて何回か使う

・3分＋5分＝8分
・3分＋3分＋5分＝11分
・3分＋5分＋5分＝13分
・3分＋3分＋3分＋5分＝14分

③　2つの砂時計を同時に使う

次のようにして、7分をはかることができます。

はじめ … 2つの砂時計を同時にひっくり返して、時間をはかり始めます。3分計には3分の量の砂が、5分計には5分の量の砂が上にあります。

3分後 … 3分計の砂が全部下に落ちたら、すぐにひっくり返します。5分計ではまだ2分の量の砂が上に残っています。

5分後 … 5分計の砂が全部下に落ちたら、すぐに3分計をひっくり返します。3分計では2分の量の砂が上にきます。

7分後 … 3分計では砂が全部、下に落ちました。

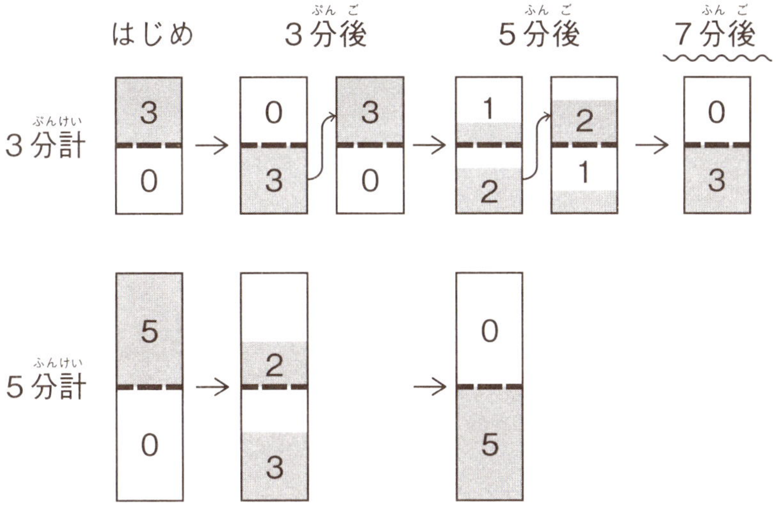

はじめ
3分後
5分後
7分後
3分計
5分計

以上から、どのようにしてもはかれないのは、1分、2分、4分の3通りだけです。

したがって、15－3＝12（通り）

こたえ　12通り

※とちゅうから時間をはかってもよいことにすると、1分刻みですべてはかることができます。

31

べんきょうした日　　月　　日

思考・論理

レベル ★★☆

こわれた時計

長針(分針)がない時計、数字がない時計で時刻を読み取ります。クイズのようなもんだいですが、中学入試によく出題されます。

大そうじして、家中をピカピカにするよ！
私は押し入れを片付けるね
ガラ
昔、使ってた目覚まし時計だ！
まだ動くかな？
新しい電池を入れてみましょ
カチャ
また動き始めたね
でも、長い針が取れちゃってるよ
カチコチ…
長い針が取れただけだから、かんたんに直せるんじゃないかな
それに、短い針だけでもだいたいの時刻はわかるよ
え、本当!?

もんだい

下の（1）（2）は同じ時計ですが、（1）は長い針が取れていて、（2）は数字がなくなっています。それぞれ何時何分を指しているでしょうか。ただし、●は目盛りのちょうど真ん中の点です。また、（2）は「12」の位置が真上であるとはかぎりません。

（1）

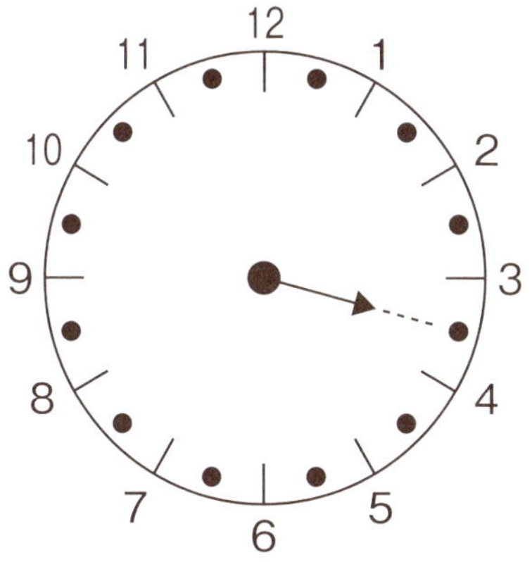

（2）

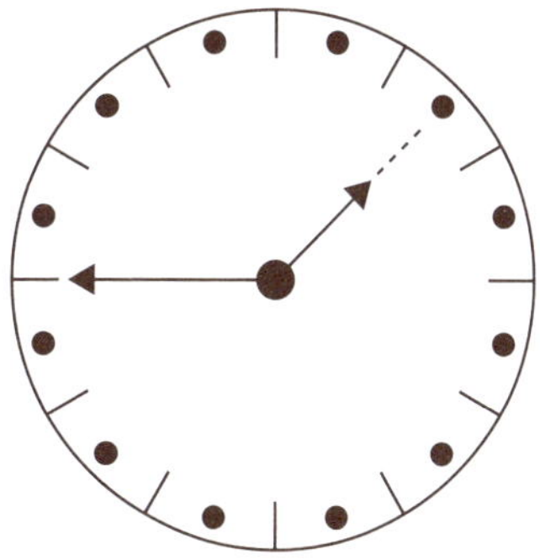

こたえ

こたえ

こたえとかいせつ

(1)　短い針が「3」と「4」の真ん中の点を指しているので、3時と4時のちょうど真ん中の3時30分とわかります。

こたえ　3時30分

(2)　まず、短い針の位置から考えます。短い針が目盛りの真ん中の点を指しているので、何時かはまだわかりませんが、「30分」であることがわかります。

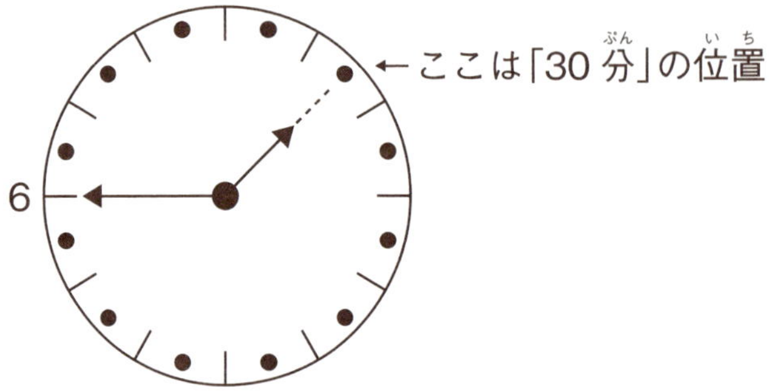

今度は長い針の位置を考えます。
「30分」のとき、長い針はいつも数字の「6」を指しているはずです。

これをもとにほかの数字を書いてみると、短い針は「10」と「11」の間とわかります。

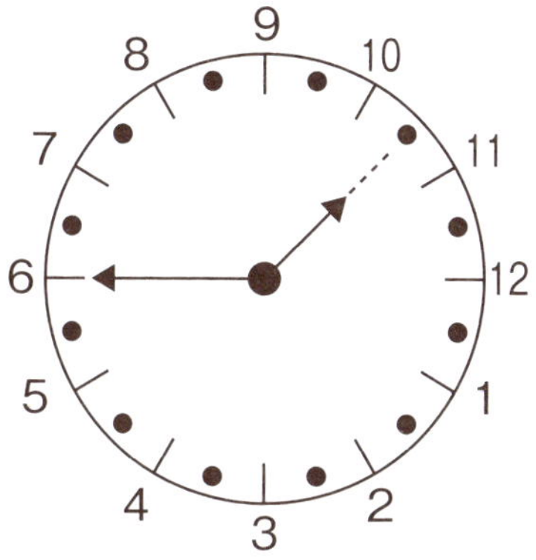

したがって、この時計が指している時刻は10時30分です。

こたえ　**10時30分**

保護者の方へ

時計で時刻を読み取るとき、短針（時針）だけでもだいたいの時刻はわかるというのがポイントです。ところで、短針は1時間（60分）で1周の12分の1＝30度回転するので、1分で30÷60＝0.5度回転します。正確な角度がわかれば、この「0.5度／分」を使って、短針だけで分単位の時刻まで読み取ることができます。

べんきょうした日　　月　　日

思考・論理　レベル ★★☆

32 本のページのならび方は?

重ねた紙を2つ折りにして小冊子にするときのページ番号について考えます。順番通りのページにするにはひと工夫が必要です。

スキー旅行の写真ができたよ
わーい！見せて！見せて！
この写真でアルバムできないかな～
こうやって紙を2つに折って写真をはると……
ペラッ
表と裏で4ページのアルバムになるでしょ。紙2枚だと8ページね
1
2
3
4
私は1日目の写真をはるね！
じゃあ、父さんは2日目をはるよ
さいごに紙を重ねて……
パチン
これで完成！
なんか順番が変！
あら、本になったときのページの順番を考えてなかったわ

もんだい

厚紙を使ってアルバムを作ります。厚紙は重ねて2つに折って使い、1枚当たり表と裏で4ページになるようにします。

(1)　図1のように、厚紙2枚を重ねて2つに折り、8ページのアルバムを作ります。このとき、厚紙のどの部分が何ページ目になるかを考えて、図2のア～ウに入るページ番号をこたえましょう。

図 1

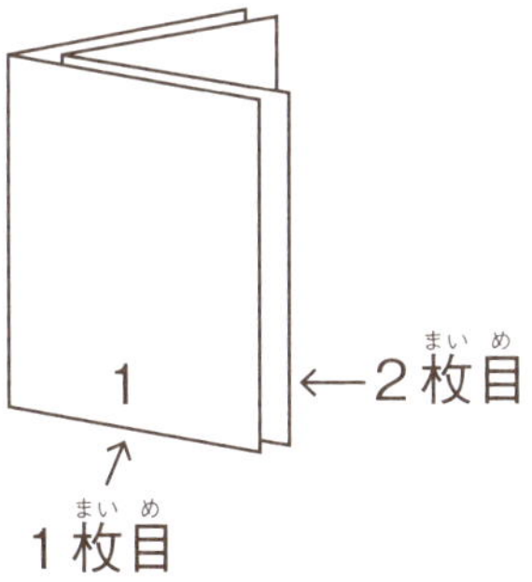

図 2

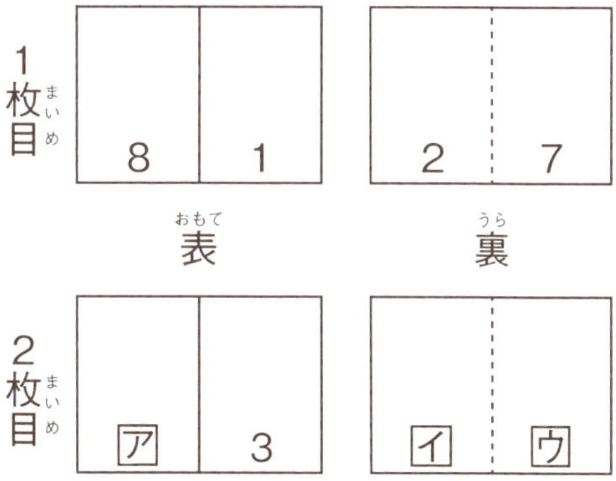

こたえ　ア…　　イ…　　ウ…

(2)　厚紙5枚を重ねて2つに折り、20ページのアルバムを作ります。5ページ目がある厚紙の残りの3つのページ番号をこたえましょう。

こたえ

こたえとかいせつ

(1)　アルバムを上から見ると次のようになります。

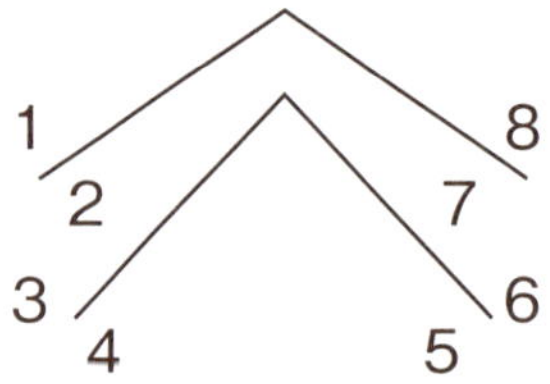

1枚目のページのならび方と同じになるように2枚目のページを決めます。

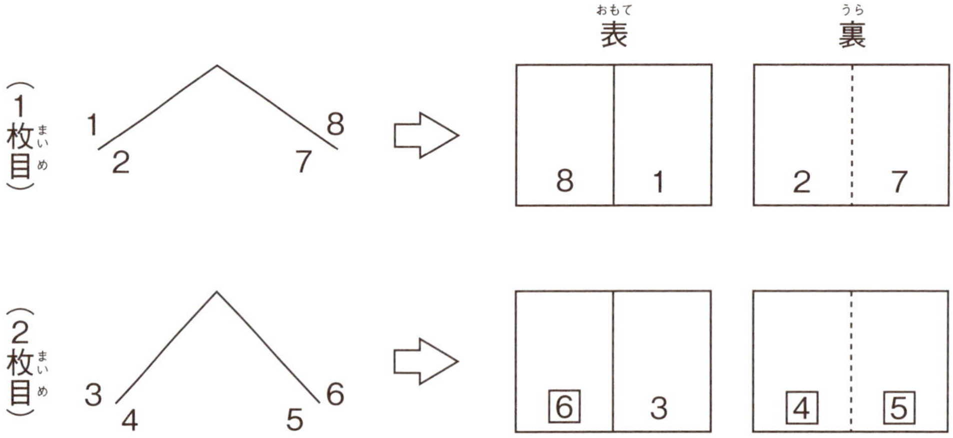

こたえ　ア…6　イ…4　ウ…5

(2)　真ん中で2つに折ったとき、外側から順にページを見ると、
左半分は、始めから1、2、3、4、5、……となり、
右半分は、終わりから20、19、18、17、16、……となります。

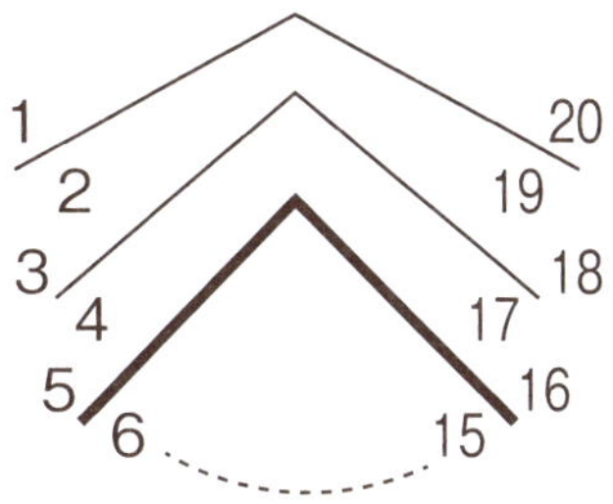

上の図から、5ページ目がある厚紙の残りの3つのページ番号は6、15、16とわかりますね。

こたえ　**6　15　16**

保護者の方へ

冊子をバラバラにした状態でページを入れるのは、意外にむずかしいものです。実物を作ってページ番号を入れてみるという手もありますが、それではおもしろくありません。もんだいの図をさんこうにしながら頭の中でページをめくってください。立体的な空間をつかむ能力をきたえるもんだいでもあります。

べんきょうした日　　　月　　　日

33

思考・論理

レベル ★★★

○×ゲーム

3目ならべとも呼ばれるゲームです。先手も後手も必勝法はありませんが、絶対に負けない（引き分けにする）方法はあります。

もんだい

ふうくんといっくんが○×ゲームをしました。

〈○×ゲームのルール〉

- 右の図のようなます目に先手が○、後手が×をかわりばんこにかく。
- 先に○または×をまっすぐに3個ならべたほうが勝ち。

※いっくんが先手でゲームを始めます。

(1)　図1は1回戦のとちゅう。次はいっくんの番です。いっくんが必ず勝つようにするためには、ア～オのどこに○をかけばよいですか。すべてこたえましょう。

図1

ア	○	ウ
×	○	エ
イ	×	オ

こたえ

(2)　2回戦で、いっくんはまず図2の位置に○をかきました。ふうくんは自分が負けないようにするためには、次にカ～スのどこに×をかけばよいですか。

図2

○	ク	サ
カ	ケ	シ
キ	コ	ス

こたえ

こたえとかいせつ

(1)　いっくんはアかウに○をかけば、必ず勝ちが決まります。

アの場合

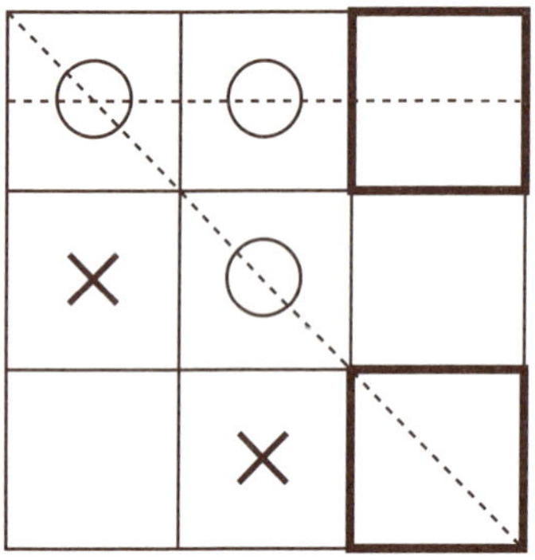

ウの場合

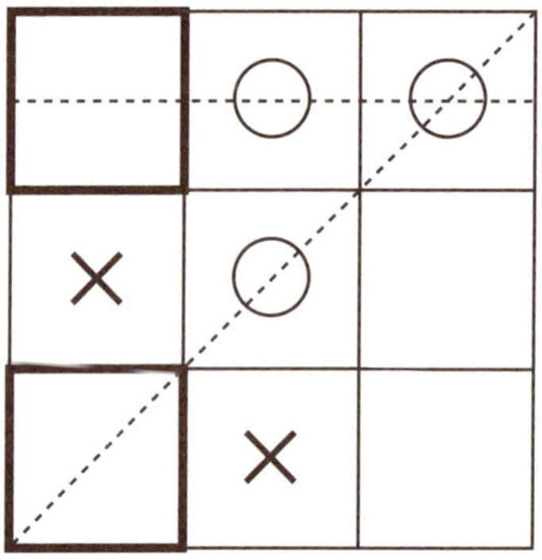

どちらの場合も、いっくんが勝てる場所が2か所（太線の□）できます。ふうくんは2か所同時に×をかくことができないので、いっくんは必ず勝つことができます。

こたえ　ア　ウ

(2)　ふうくんは、いっくんに同時に2か所のチャンスを作られると負けてしまいます。それを防ぐことができるのは、まん中のケに×をかいたときだけです。

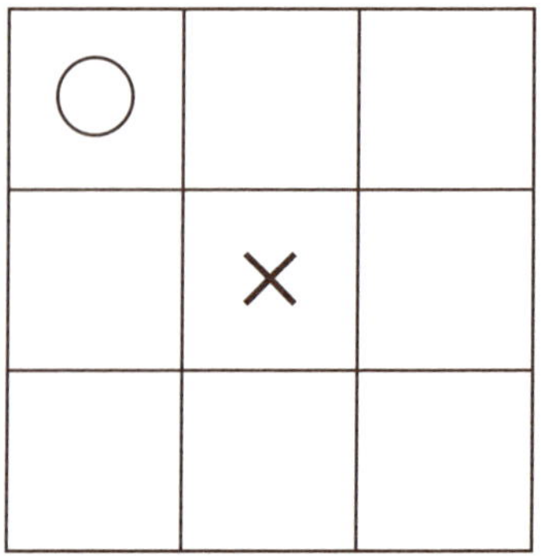

こたえ　ケ

さんこう

（2）で、ふうくんがケ以外に×をかいたときは、次のようにいっくんの必勝パターンができます。

いっくんは、それぞれの場合の3手目で、□の場所に○をかけば勝ちが決まります。

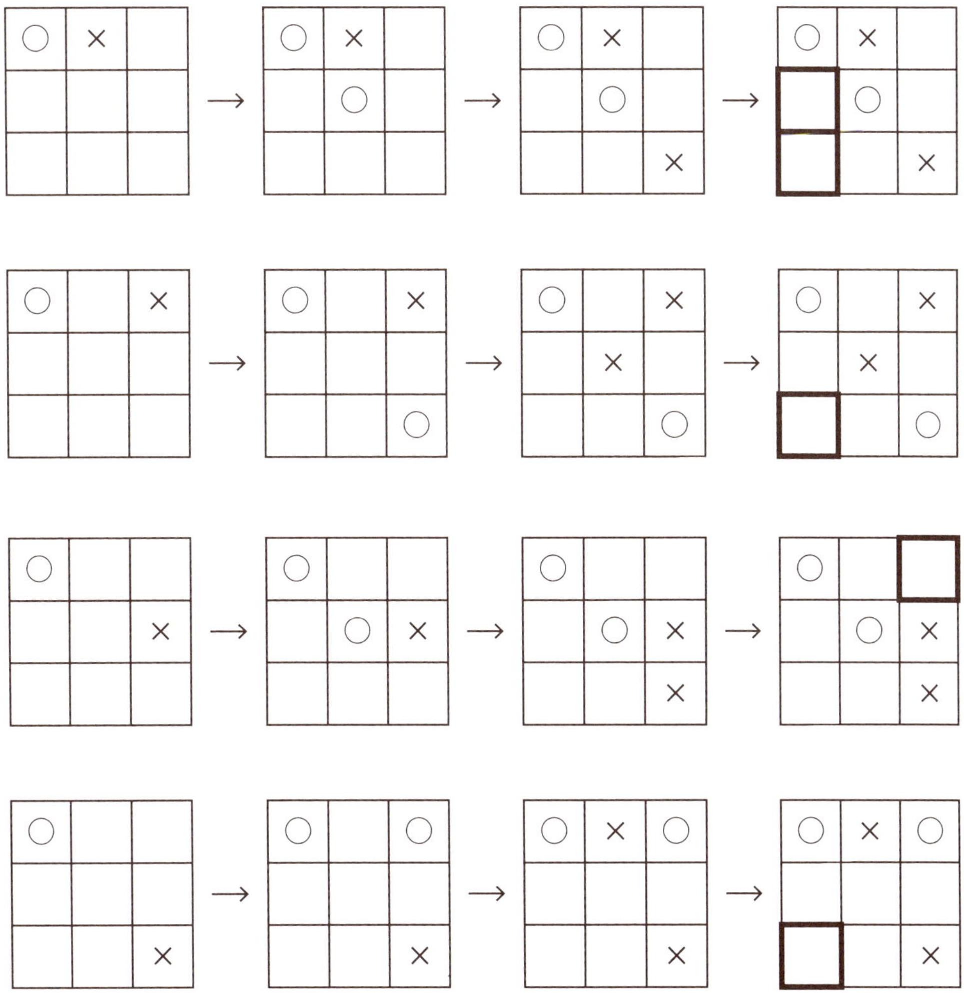

34

べんきょうした日　　月　　日

思考・論理　レベル ★★☆

1つちがいに注意！

「1つちがい」をテーマにしたもんだいの特集です。それぞれ別のもんだいですが、どれも「1つちがい」がヒントです。

今日の算数のテーマは「1つちがい」です
たとえばこのもんだい、黒が6個あります。白は何個ありますか？
黒と白がかわりばんこだから白も6個です！
はーい
そうかな？ふうくん、しっかり数えてみてごらん
1、2、3、4、あれ、5個しかないぞ！
これが「1つちがい」です。これをヒントに考えましょう
ほかにもあるのですか？
そうですね。たとえば……

もんだい

(1)　右の図のようなチョコレートをみぞにそって直線でわり、バラバラの12個にしようと思います。たて、横どのような順番で折ってもかまいませんが、重ねて折ってはいけません。このとき、全部で何回折ればよいでしょうか。

こたえ

(2)　10チームでサッカーのトーナメント（勝ちぬき戦）をします。優勝の1チームが決まるまでに、全部で何試合が行われるでしょうか。ただし、引き分けは考えないものとします。

〈例〉　4チームのトーナメントの場合

優勝

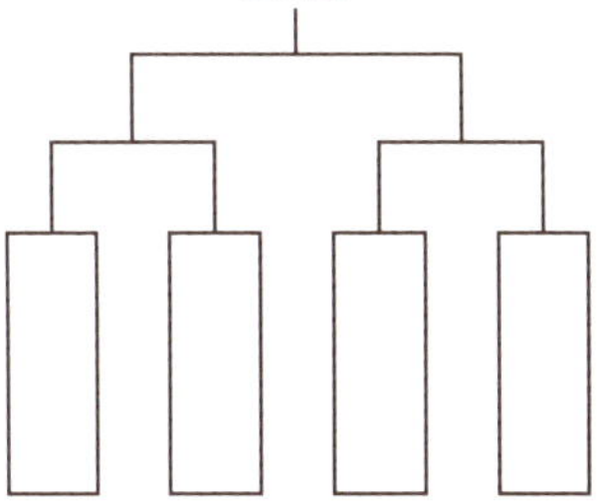

こたえ

こたえとかいせつ

(1)　1回目で2個になり、2回目で3個、3回目で4個……と、1回折るごとに1個ずつふえていきます。

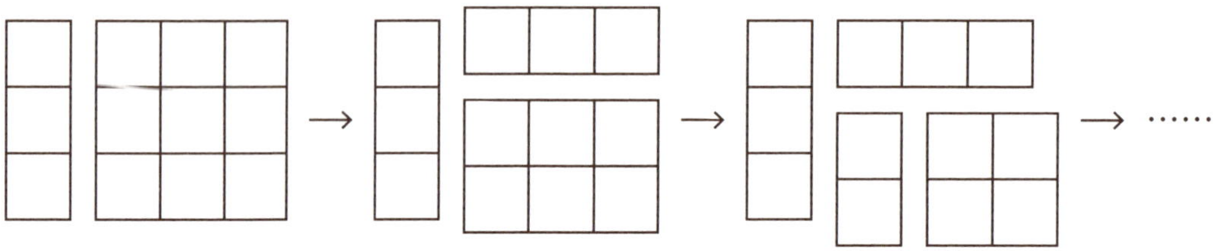

どのように折っても、個数のふえ方は同じです。はじめの1個を12個にするには、

12－1＝11(個) ふやせばよいので、折る回数は全部で11回とわかります。

こたえ　**11回**

(2)　実際にトーナメント表を作ってみましょう。

10チームのトーナメント表の〈例〉

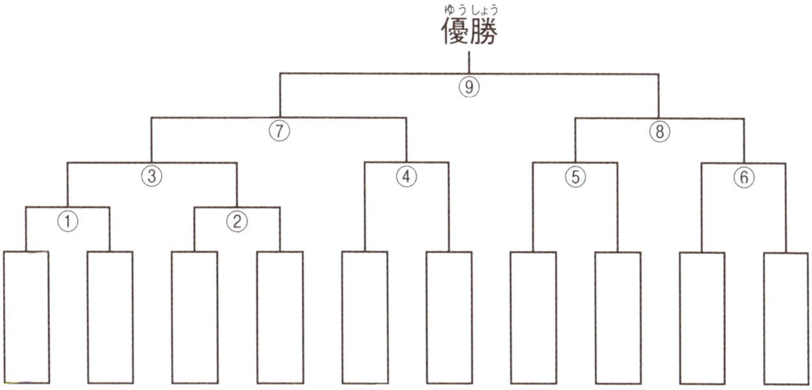

上の〈例〉では、試合数は9になっています。トーナメント表はほかにもちがうものが作れますが、どの場合も9試合になるのでしょうか。

トーナメントでは、一度でも負けるとそのチームは次の試合に進めません。つまり、1試合するごとに1チームずつへっていきます。優勝チームをのぞく残りの

10－1＝9（チーム）が一度ずつ負けるので、試合数は必ず9になります。

こたえ　9試合

35

べんきょうした日　　月　　日

思考・論理

レベル ★★☆

数出しゲームの勝敗

トランプのカードを同時に出して、数の大きいほうが勝ちです。
もんだいでは2人の勝敗から、出したカードの数字を推理します。

今日はトランプ、何のゲームにする？
ババぬきは、2人じゃつまらないし……
シャッ
シャッ
そうだ！数出しゲームがあるよ
1～5のカードを2組用意するよ
1枚ずつ同時に出すんだ。カードの数が大きいほうが勝ちだよ
せーの、はいっ！
3勝2敗でぼくの勝ちだね！
もう1回しよう！

もんだい

ふうくんとむっくんが、トランプで数出しゲームをしました。ゲームのしかたは、まず、2人がそれぞれ[1]〜[5]の5枚のカードを持ちます。2人が同時に1枚ずつカードを出し、数の大きいほうが勝ち、同じ数のときは引き分けとします。5枚のカードを出し終わると、そのゲームは終わりです。

(1)　1回のゲームで、いちばん多くて何勝できるでしょうか。

こたえ

(2)　2人がゲームをして、出したカードの順番と結果は下のようになりました。㋐〜㋔にあてはまる数を求めましょう。

結果＝むっくんが3勝2敗で勝ち

ふうくん	5	㋐	㋑	㋒	4
むっくん	4	㋓	1	2	㋔

こたえ

㋐…　㋑…　㋒…

㋓…　㋔…

こたえとかいせつ

(1)　1より小さいカードはないので、1を出したときは勝てません。したがって、いちばん多く勝てるのは、次の〈例〉のように2～5で全部勝ったときで、4勝できます。

〈例〉

	負	勝	勝	勝	勝
自分	1	2	3	4	5
相手	5	1	2	3	4

こたえ　**4勝**

(2)　むっくんの4は負けで、引き分けがなかったので、1も負けです。つまり、むっくんは、㋓、2、㋔の3つで3勝したことになります。4に勝てるのは5だけなので、㋔は5、残りの㋓は3です。

ふうくん	5	㋐	㋑	㋒	4
むっくん	4	3	1	2	5

むっくんの3、2に負けるのは2、1なので、㋐は2、㋒は1で、残りの㋑は3です。

こたえ　**㋐…2　㋑…3　㋒…1**
㋓…3　㋔…5

保護者の方へ

（2）は、かいせつのように理論的にしぼりこんでいければすばらしいのですが、なかなかそううまくはいきません。カードは1～5の5枚しかないので、具体的に数字をあてはめてみて、試行錯誤のすえに正解にたどり着ければ十分です。この試行錯誤する力も、算数ではとても重要な能力です。

堀田正章（ほりた・まさあき）

1958年9月3日、大分県生まれ。中央大学法学部卒業。大手進学塾の講師として、算数、理科などの授業を担当しながら、入試問題の分析、解答、解説や教材の執筆を手がける。中学受験指導歴20年以上。特に、国私立中の難関校、上位校の合格実績で定評がある。

朝日小学生新聞の学習シリーズ
やわらか頭になる!
算数脳トレーニングBOOK

2015年 2 月10日　初版第1刷発行
2017年12月20日　　第3刷発行

著者　堀田正章
イラスト　後藤英貴
発行者　植田幸司
編集　渡辺真理子、佐藤夏理
装丁&DTP　村上史恵
編集協力　山本朝子
発行所　朝日学生新聞社
〒104-8433　東京都中央区築地5-3-2　朝日新聞社新館9階
電話　03-3545-5436(出版部)
www.asagaku.jp(朝日学生新聞社の出版物案内など)
印刷所　株式会社リーブルテック

ISBN 978-4-907150-50-1

この本は、朝日小学生新聞の連載「いち・に・さんねん　あそんで算数」
(2013年4月~14年3月) の一部を抜粋し、加筆、修正して、再構成したものです。